面包店卖饭团

跳出常识陷阱的思考法

パン屋ではおにぎりを売れ
想像以上の答えが
見つかる思考法

[日] 柿内尚文 著　郭超敏 译

机械工业出版社
CHINA MACHINE PRESS

PANYA DE WA ONIGIRI WO URE by Takafumi Kakiuchi
Copyright © 2020 Takafumi Kakiuchi
Original Japanese edition published by KANKI PUBLISHING INC.
All rights reserved
Chinese (in Simplified character only) translation rights arranged with KANKI PUBLISHING INC. through Bardon-Chinese Media Agency, Taipei. Simplified Chinese Translation Copyright © 2023 by China Machine Press.This edition is authorized for sale in the Chinese mainland (excluding Hong Kong SAR, Macao SAR and Taiwan).

No part of this book may be reproduced or transmitted in any form or by any means, electronic or mechanical, including photocopying, recording or any information storage and retrieval system, without permission, in writing, from the publisher.

本书中文简体字版由 KANKI PUBLISHING INC. 通过 Bardon-Chinese Media Agency 授权机械工业出版社在中国大陆地区（不包括香港、澳门特别行政区及台湾地区）销售。未经出版者书面许可，不得以任何方式抄袭、复制或节录本书中的任何部分。

北京市版权局著作权合同登记　图字：01-2022-0836 号。

图书在版编目（CIP）数据

面包店卖饭团：跳出常识陷阱的思考法 /（日）柿内尚文著；郭超敏译 . —北京：机械工业出版社，2023.9
ISBN 978-7-111-74060-5

Ⅰ. ①面⋯　Ⅱ. ①柿⋯ ②郭⋯　Ⅲ. ①思维形式　Ⅳ. ① B804

中国国家版本馆 CIP 数据核字（2023）第 198597 号

机械工业出版社（北京市百万庄大街 22 号　邮政编码 100037）
策划编辑：秦　诗　　　　　　　责任编辑：秦　诗　高珊珊
责任校对：王乐廷　李　婷　　　责任印制：郜　敏
三河市宏达印刷有限公司印刷
2024 年 1 月第 1 版第 1 次印刷
147mm×210mm・6.25 印张・1 插页・89 千字
标准书号：ISBN 978-7-111-74060-5
定价：69.00 元

电话服务	网络服务
客服电话：010-88361066	机　工　官　网：www.cmpbook.com
010-88379833	机　工　官　博：weibo.com/cmp1952
010-68326294	金　　　书　　　网：www.golden-book.com
封底无防伪标均为盗版	机工教育服务网：www.cmpedu.com

前　言

问题 1

有这样一位男生，他在男校读高中，
而且不怎么受女生欢迎。
他很想和女生交朋友。
但是，他既没有什么契机去认识女生，
又没有主动搭讪女生的勇气。
那么，他怎样才能和女生交朋友呢？

答案

他以研究课题的名义,成立了一个"女校研究会"小组,
这样一来,他就有了正当的理由(借口),
去街头对女高中生进行问卷调查。
多亏了这个正当的理由(借口),
他才能不害羞地开口和女生打招呼,
并以此为契机,和女生成为朋友。

以上是我的真实故事。我上男校的时候，想认识一些女生朋友。但遗憾的是，我既没有能让女生主动搭话的容貌，又没有主动搭讪的勇气。我苦思冥想到底该怎么办，要想在街上和女生搭讪，总得有个正当的理由（借口）吧？

那么，有什么搭讪的正当理由呢？于是我想到了成立"女校研究会"小组。有了女校研究会这个正当理由（借口），我就可以毫不畏惧地在街上和女生打招呼了。就是靠这个契机，我结识了好几位女生朋友。

比起结识了很多女生朋友，更让我惊讶的是，**我想出的办法竟然能解决自己的烦恼**。这件事虽然已经过去30多年了，但我依然记得很清楚。这对我来说是一件很有冲击性的事情。

下面还有一个问题，请用1分钟思考一下。

问题 2

~~~~~~~~~~~~~~~~~~~~~~~~~

有人想在美国纽约卖明太子（也就是生鱼卵）。

要知道，纽约人并没有吃生鱼卵的习惯，反而认为那是很恶心的东西。

那么，怎样才能在纽约推广明太子呢？

~~~~~~~~~~~~~~~~~~~~~~~~~

答案

众所周知,美国人很推崇法国料理。
所以,要想卖明太子,就不要称其为"生鱼卵",
而要以"鱼子酱"的名称销售。

这是发生在美国纽约曼哈顿的博多料理店里的真实故事。一开始,料理店在菜单上写明明太子就是"鳕鱼卵"的时候,客人们都觉得很恶心,但后来店家把名字改为"博多辣鱼子酱"后,明太子却意外地成了大受好评的菜品(案例出自日本广告大师川上徹也的《好销售都是讲故事高手》一书)。

由此可见,很多时候我们稍微花点心思,结果就会完全不同,而产生差距的关键就在于"思考"。

这也是我在这本书中想要表达的思想,那就是**"思考这一行为具有不可思议的力量"**。

"思考"与有没有钱无关,与地位和立场无关,是谁都能使用的一个厉害的"武器"。

这里所说的"思考",指的是**"为了达成目的而思考"**(见图1)。也就是说,你有想解决的问题,或者有想做的事情,你会为了达成这些目的去思考。

在本书中,我想介绍"思考"这一"武器"的打磨方法。因为"思考"也是需要技巧的,如果我们只是盲目地思考,那就会白白浪费大量时间,而找不到答案。

不过,请大家放心,这些方法并不复杂,反而都**非常简单、高效**。因为我很赞同那些最直接的方法,例如,"想减肥,只要动起来就行了"。

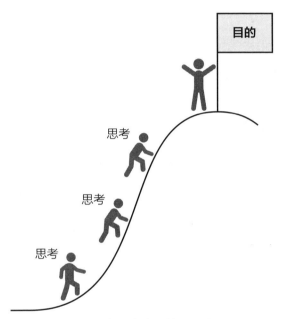

图1 为了达成目的而思考

例如,最开始提出的那两个问题,第一个问题就是运用"错位法"解决的。我上高中时当然不知道这些方法,但现在回想起来,我使用的就是"思考技巧"。第二个问题就是灵活运用"宣传语法"解决的。

没错,思考是有公式的。

我们来想象一下做饭的菜谱,或许更容易理解。对于不擅长做饭的人来说,首先要做的就是忠实于菜谱,如果随意增减步骤,大概率都会失败。思考也是一样,需要遵循公式。

运用思考技巧,能够提升大脑的性能。

如果之前你的大脑"版本"是"脑1.0",那么通过掌握"思考技巧",你的大脑就能进化成"脑2.0"版本。

怎么样,听起来是不是很棒呢?运用"思考技巧",你可能会想出一些意想不到的点子,或者之前一直无法解决的问题突然就有了头绪。没错,全都是好的变化!

关于这本书的书名《面包店卖饭团》,我想稍做说明。为什么要在面包店里卖饭团呢?

因为创造出了新的价值。

1987年,日本摩斯汉堡(MOS BURGER)推出了"米饭汉堡",开创了汉堡的新时代。之所以使用大米制作汉堡包，是因为摩斯汉堡一直都在思考一个问题，那就是"是不是能用日本人的主食——大米来制作商品"。摩斯汉堡的"米饭汉堡"在当时引起了很大的轰动，连麦当劳也在其后推出了"米饭汉堡"，受到很多年轻人的欢迎。

我也很喜欢摩斯汉堡的米饭汉堡。而且，我一直在想"要是面包店里能卖大米制作的商品就好了"。听说麦当劳推出米饭汉堡的其中一个原因就是有顾客说"晚饭不想吃面包，想吃米饭"。

我想，如果面包店有大米制作的商品的话，就会有人把它作为晚饭来吃，那么不怎么吃面包的人也会被吸引进来吧。

饭团可以在便利店或者超市买到，但专门卖饭团的饭团店并不多。而面包店虽然每个地方的都不一样，但我们所住的街道上肯定会有一家。

当然，大部分面包店都是抱着"为顾客做出好吃的面包"的想法来经营的，而且都是真心喜欢面包的人开的。想想就知道，光是做面包就已经很辛苦了。我也很喜欢这种面包店做出来的面包。

正因为如此，我才会特别期待**"面包店推出的饭团会是什么样的"**。

事实上，很多面包店一直都在做非常具有挑战性的新产品。

例如，鱼糕面包、野泽菜烧饼面包，甚至泡菜蜜瓜面包等这些人们从未想过的组合确实都是面包店创新出来的。

如今我们早已熟悉的豆沙面包在刚被研究出来的时候，也是一种将豆沙和面包结合在一起的大胆创新。

那么，如果把这种想象力运用到饭团制作上，会怎么样呢？

如果推出一种"本店用心制作的饭团"食品，那么这家面包店肯定会更加受欢迎。

你是不是也很想尝尝呢？我们肯定都会好奇，那些考究的面包店会做出怎样的饭团来。

例如，"法国厨师做的咖喱饭"或者"日式烤串店的人气拉面"等这类通过错位创造出新的价值和特色，从而人气飙升的店铺其实已经有很多了。这些店铺就是使用了"思考技巧"中的"错位法"。

曾听过这样一个故事。在日本和歌山县人的认知里，软冰激凌不应该是白色的，而应该是绿色的。

这是因为在和歌山县有一款卖了几十年的冰激凌——

green soft，这款冰激凌可以称得上是和歌山县人的灵魂食品。推出这款冰激凌的是日本老字号茶叶商"玉林园"。据说当时是为了让人们了解茶的味道才开发的这款冰激凌，没想到却成了深受当地居民喜欢的甜品。

这是一款充分发挥茶叶商优势的软冰激凌，可见是厂家在开发新品的过程中又挖掘出了新的价值。

这就是运用"思考技巧"挖掘出了新的价值点。

那么，以下请允许我做一个自我介绍。

我叫柿内尚文，职业是一名编辑。好像编辑的工作很难让人理解，人们总会问"是印刷书的吗"或者是"你要写文章吗"之类的问题。大致来说，编辑工作主要有以下四个方面。

1）制订选题计划。
2）通过采访、调查来获取信息。
3）让内容产生价值。
4）将内容传播给更多的人。

我一直都在做图书出版工作。迄今为止，我策划了多部图书，并与团队一起努力做好每一本书，也是多亏了他们，我的很多书都成了畅销书。

在如今的图书市场上，3万册的销量就可以称得上畅销书了。幸运的是，在我所策划的书中，有 50 多本书的销量都突破了 10 万册，进入畅销书行列，这些畅销书的累计销量也超过了 1000 万册。

在出版了多部畅销书后，有很多人向我请教做出畅销商品的方法，也有一些研讨会开始邀请我去做演讲。紧接着就有人说想让我把这些技巧写成一本书。于是就有了这本书。

我并不属于特别聪明的那种人，一路都是很平凡地走过来的。所以我思考的事情也很简单，没有什么深度。

但是，我很喜欢为了创造爆品、想出新点子或者是解决问题而思考。我想大概就是因为我掌握了"思考技巧"，所以才这么爱思考。

事实上，掌握"思考技巧"确实有很多好处。它的应用范围相当广，无论是在工作中、人际关系中，还是在恋爱、金钱、家庭的相关问题上，都能用得上，甚至当我们遇到难题时，它也会帮助我们克服。

因此，请一定要用好"思考技巧"这一"武器"，它会让你的人生变得更加美好。

那么，现在让我们开始吧！

"思考技巧"的功效

- 遇到难题时会有解决的"对策",心里总是很有底。
- 不容易被情绪或信息所迷惑,拥有冷静的视角。
- 不会对工作、人际关系、爱情、金钱等抱有太强的不安全感。
- 不容易意志消沉,看待事情总是很积极。
- 总是能够相信自己。
- 能够认可自己的价值,也能够承认他人的价值。
- 能够看到讨厌的人身上的优点。
- 在恋爱方面的机会变多。
- 在工作方面很容易做出成果,工作效率也会提高。
- 能想出很多好点子。

本书的使用方法

- 请不要只读一遍,要多读几遍。
- 在自己认为重要的地方画线,然后在旁边空白处写下你的思考。也就是说,请把这本书变成你自己的东西。
- 不要只是单纯地"输入"这些理论后就扔在一边,请结合自己的情况,不断地"输出"、应用。
- 以这本书为契机,掌握属于自己的"思考技巧"。

目 录

前言
"思考技巧"的功效
本书的使用方法

第 1 章 "思考"前必须先了解的三件事 /1

思考="水平思考"+"垂直思考" /2
"思考"和"想"是两回事 /6
思考有"逻辑性思考"和"非逻辑性思考"两种 /9
专栏 人类永恒的课题——"养成习惯" /15

第 2 章 "思考技巧"能改变未来 /21

原本普通的东西,只需一点改变就会变成极具
　　魅力的东西 /22
"思考技巧"是一片蓝海 /25

"思考"会有很多障碍 / 30

东大毕业的人大多掌握了"学习技巧" / 33

运用"思考技巧"去创造美好人生 / 35

专栏 失败是最好的养分 / 40

第 3 章 熟练运用"思考技巧" / 43

创意不是偶然浮现出来的，而是实践出来的 / 44

法则 1：设定目标 / 45

法则 2：先"输入"信息，然后整理现状 / 50

法则 3：思考 ="水平思考"+"垂直思考" / 57

水平思考的方法 1/6　加乘法 / 61

水平思考的方法 2/6　串联联想法 / 66

水平思考的方法 3/6　错位法 / 71

水平思考的方法 4/6　摆脱"二选一"的
　思维定式 / 75

水平思考的方法 5/6　整合法 / 80

水平思考的方法 6/6　如果有就好了 / 84

垂直思考的方法 1/6　360 度分解法 / 89

垂直思考的方法 2/6　正向价值化 / 95

垂直思考的方法 3/6　自己、身边的人、社会 / 99

垂直思考的方法 4/6　双六法 / 104

垂直思考的方法 5/6　探寻本质 / 110

垂直思考的方法 6/6　宣传语法 / 116

专栏 正因为很难，所以请务必亲自试一试 / 121

第 4 章　让头脑变清晰的"思考笔记法" / 125

在白纸上写下思考的事情，很有效 / 126
为什么优秀的人往往更喜欢记笔记 / 127
使用笔记，"无聊的工作"也能变得有趣 / 129
去实践！思考笔记的书写方法 / 132
笔记的另一个优点："思考储蓄" / 136
利用白板呈现大家脑中的想法 / 138
专栏　不要被"狂热地活下去！"这种话所
　　　蛊惑 / 143

第 5 章　提升"思考技巧"的习惯 / 149

光用头脑思考的"逻辑性假设"总会出错 / 150
创意 = 模仿 × 模仿 × 模仿 / 153
总是用"好人思维"，那么永远都只是二流思维 / 157
借用别人的智慧 / 162
在日程安排里加入"思考时间" / 164
平时是否有"思考练习"的习惯 / 167
"思考时间"多多益善 / 170
创造一个能思考的空间，即 Thinking Place / 173

结语 / 177

第 1 章

"思考"前必须先
了解的三件事

面包店卖饭团

思考 ="水平思考"+"垂直思考"

关于"思考"这个问题，首先希望大家了解的第一件事就是"思考就是'水平思考'+'垂直思考'"。

这是非常重要的一句话，请务必画线。

事实上，无论是思考日本人口减少的问题，还是思考如何振兴某一地区，或者思考新商品的策划，甚至思考什么样的咖喱最好吃，等等，这些问题的思考逻辑其实都是一样的，那就是**"水平思考"**和**"垂直思考"**的总和（见图 1-1）。

"水平思考"意思是要思考一些可能性，也就是说要创造一些从未存在过的东西，或者挖掘出新的价值。

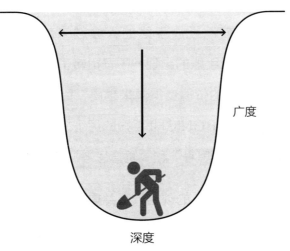

图 1-1 思考 ="水平思考"+"垂直思考"

所谓"垂直思考",就是要思考本质上的价值,也就是说要思考问题"本身"。

HOBONICHI 手账^㊀的创意就是通过"水平思考"和"垂直思考"两个维度思考、创造出来的超人气商品代表。

之前,人们普遍认为手账这种工具早就实现了数字化,使用纸质手账的人会越来越少。但是,HOBONICHI 手账的出现一下子扭转了流行趋势。之后,纸质手账的价值变得越来越高,每年手账卖场都特别热闹。HOBONICHI 手账的厉害之处就在于其创意涵盖了"水平思考"和"垂直思考"这两个维度。

HOBONICHI 的创始人系井重里在其著作《对不起,HOBONICHI 的经营》中提到,最初在开发手账的时候并没有什么特殊意图,只是抱着一种"如果有这种东西就好了"的想法开始的。仅仅是因为觉得手账有很多优点,所以才开发出手账这个产品。

㊀ HOBONICHI 手账,诞生于 2001 年,其手账类型各式各样,特点是每个人可以根据自己的喜好随意选择使用。——译者注

在手账上记录下自己反复思考的过程和结果，会有很多好处。从这个角度来看，手账就超越了传统笔记本的使用范围。它是一种既可以写日程安排，又可以写日记，甚至笔记的东西。

"我一直在思考它应该是一个怎样的东西呢？最终的结论是，它应该是一个写满了大家的'生活'的东西啊！"（摘自《对不起，HOBONICHI的经营》）

"HOBONICHI手账"也常被称为"LIFE BOOK"。

手账到底是什么呢？如果深入地思考其本质价值，脑海中就会浮现"LIFE BOOK"这两个单词。

如果把手账的价值点定义在"就是用来写日程安排的东西"，那么手账很有可能就会从用纸质形式记录完全转变成用更方便的数码形式记录。

但是，如果把手账的本质价值定位在"书写生活"上，那么大家就能在手账上自由地书写，或者贴点可爱的贴纸，画一些简笔画，等等，手账就因此有了各种各样的使用方式。这样一来，纸质形式的手账就有了很高的使用价值。

这就是"垂直思考"的维度。

HOBONICHI 手账在思考其玩法的时候用到的还有"水平思考"的维度。

比如手账的封面设计，有很多是和艺术家或者企业联名合作的，所以就有各种样式，每个人都能制作属于自己风格的手账。

此外，他们还会给 HOBONICHI 手账的使用者们介绍"使用方法""玩法案例"，而且还会时不时地举办一些以手账为主题的活动。总之，就是在不断尝试手账玩法的各种各样的可能性。

由此可见，"水平思考"和"垂直思考"就是"思考"的基础。

这一要点，请各位先记住。关于"水平思考"和"垂直思考"的具体方法将在第 3 章展开介绍。

"思考"和"想"是两回事

据说，人一天会有 6 万次都处于"想些什么"的状态中。那么，除去睡觉的时间，差不多是1秒就想1次（真是太厉害了！）。

如果把每天这6万次的"想些什么"分为"思考"和"想"两个部分，就会发现其中大部分都是在"想"。

那么，你能说清楚"思考"和"想"的区别吗？

请回想一下有喜欢的人的时候，而且是特别喜欢的人。

你有过这样的经历吗？想着对方"现在在做什么呢""上次约会好开心啊"……满脑子都是喜欢的人，总是想着对方。

我也有过这种经历，那时候就会总是"想着"喜欢的人。

但是，这种"想着"就是单纯的"想"，和本书的主题"思考"略有不同。用英语来说，这种"想着"不是 think，而是 feel。

"想"是浮现在脑海中的一种感觉。

"思考"是为了达到目的而有意识地想。

但是，确实也有很多把"想"误当作"思考"的情况。例如，经常会听到有人说："我绞尽脑汁地反复想，却完全不知道答案。"这种情况其实就不是"思考"，而是"想"的状态。这样自然很难得出答案。

另外，也有很多把"知道"误当作"思考"的情况。例如，有人自己心里认为"我认真思考了一个计划"，但仔细分析这个计划，会发现只是把调查到的信息汇总在一起而已。

当然，在思考的时候，调查和信息输入属于前期的准备工作，是很重要的一环。如果没有信息输入，就没有可以用来思考的素材。

但是，毕竟信息输入是"**通过思考去寻找答案的素材**"，调查和汇总并不是我们的最终目的。

在学生时代，你身边是否也有那种擅长整理笔记，但成绩很差的同学呢？这种情况就是把整理笔记当成了目的。有时我们也会做同样的事情。

很多时候，我们无论怎么调查，都找不到答案。手里有的只是一些素材和提示，并没有"思考"这一过程，因此是肯定无法推导出答案的。

所以，请各位也记住这一点：

"思考"和"想"是不同的，"思考"和"知道"也不同。

功夫巨星李小龙曾有一句名言："Don't think, feel"（别思考，去感觉），而本书想说的是："Don't feel, think"（别感觉，去思考）。

思考有"逻辑性思考"和"非逻辑性思考"两种

关于思考，希望大家了解的第三件事就是"逻辑性思考不等于'思考'"。很多人认为思考就是"逻辑性思考"，但实际上"思考"分为"逻辑性思考"和"非逻辑性思考"两种。

试想一下你要从最近的车站回家。回家的路有好几条，选择哪条路取决于你的目的是什么。

"我想选择最短最快的那条路。"

"夜路太黑了，我想尽量选择亮堂的路回去。"

"最近运动量不足，我想绕远路回去。"

以上这些，都是从目的出发，经过逻辑思考后做出的选择，也就是"逻辑性思考"。

也有些问题是逻辑性思考无法解决的！

例如，想要创造出从未有过的全新商品时，"逻辑性思考"就很可能会碰壁。

最常见的逻辑性思考就是，经过调查，掌握市场动向、销售业绩、竞争对手调查等一整套庞大的数据，然后以此为基础进行"思考"。虽然这些数据可以作为证据充分利用，但也存在很大的弊端。

这种弊端就是"没有数据就无法做出决定"，因此，也就无法产生新的想法。这样下去，就会一味地模仿别人的做法，最终丧失独创性。这类情况应该在每个公司内部都经常发生吧。

数据终究是"过去"的信息，"思考"则是面向未来。

比如,"思考"前所未有的东西,"思考"今后社会会变成什么样。这种思考才算得上是"思考未来"。

当然,"未来"谁也不知道。因此,有时仅靠逻辑性思考是很难得出答案的。

这时就需要运用"非逻辑性思考"。

嘎吱嘎吱君的玉米浓汤冰激凌就是运用"非逻辑性思考"开发出的大受欢迎的产品。

我记得在它刚刚发售的时候,我大为震惊,我对它的第一印象是"冰激凌配玉米浓汤,怎么搭配都觉得难吃"。相信有不少人和我的想法一样。

然而,正是这种新奇、令人震惊甚至是害怕的感觉,让这款冰激凌瞬间卖爆。据说这个产品当初的营销成本只有15万日元。但它在社交网络上被广泛传播,如果将这些流量换算成广告费,那就相当于5亿日元的宣传效果。

冰激凌和玉米浓汤的组合,是很难从数据和逻辑性思考中产生的。

听说这个创意来自公司里一位20多岁的年轻职员，契机则是零售商对嘎吱嘎吱君"富豪系列"产品的严厉指责。

"最近，嘎吱嘎吱君的'富豪系列'产品，怎么没什么新意啊？"（摘自《嘎吱嘎吱君的秘密》）

销售嘎吱嘎吱君的赤城乳业是一家重视"好玩"和"冒险精神"的公司，但是在"富豪系列"产品中却感受不到这两个关键要素，于是嘎吱嘎吱君不得不推翻原先的商品策划案，重新来做。

据说，他们发现玉米浓汤的契机是关注到了人气点心"美味棒"里有一种是玉米浓汤味的，于是就产生了将玉米浓汤和冰激凌组合在一起的想法。

在决定是否将这一创意组合投入生产的公司决议会上，很多人都对新产品持怀疑态度，认为"这味道创新过头了吧"。想必一般人都会这么觉得吧。

但社长却说："如果大家都说很好，那就卖不出去了！"然后当机立断对商品研发部说："失败了也没关系，就按照你们想的那样去大胆做吧！"于是玉米浓汤和冰激凌的新奇组合就正式投入生产了。（具体细节内容可参考《嘎吱嘎吱君的秘密》一书）

"嘎吱嘎吱君"的玉米浓汤冰激凌就是靠"直觉"和"想法"这类非逻辑性思考开发出来的产品。

不是从逻辑出发，而是从直觉和想法等非逻辑性方面出发去思考问题，这种方法在如今充满不确定性的时代里，尤为重要。

工作需要"玩心"

在进行非逻辑性思考的时候，有一点我特别重视。那就是"玩心"。嘎吱嘎吱君的玉米浓汤冰激凌就体现了"玩心"。

要知道，人们不仅会被"正确"的事物所吸引，还会被"有趣""快乐"，即"好玩"的事物所吸引。对我们自己来说，思考"有趣""快乐"才是真正愉快的事情。

但是，在日常生活中，越是认真，就越容易忘记

"有趣""快乐"这种"玩心"。在工作场合中,说到"有趣""快乐",就会有人生气地说:"你是不是把工作当成娱乐了?"

事实上,这是错误的看法。要想提高孩子的学习成绩,就应该让学习变得有趣;如果减肥无法持续,就要想办法从中找到乐趣,让自己快乐地瘦下来。

"思考"的时候也要有一种"玩心"。这是"非逻辑性思考"的关键。

如果能同时掌握"逻辑性思考"和"非逻辑性思考"这两种方法,我们就能提高自己的"思考能力"。

本章需要记忆的三点:

1)思考="水平思考"+"垂直思考"

2)思考≠知道

3)思考="逻辑性思考"+"非逻辑性思考"

专栏 人类永恒的课题——"养成习惯"

即使学习了"思考技巧",但如果不使用就没有意义,因为养成"思考"的习惯很重要。很多人虽然知道这一点,但就是很难养成习惯。

"思考"是人类永恒的课题,而养成习惯也是人类永恒的课题。

想减肥却怎么也养成不了好的习惯;想学习但马上就想玩游戏了;家里很乱,但就是无法养成经常收拾的习惯……我们每个人都有难以养成的习惯。

养成习惯有"三个强敌"。

- 强敌1:遗忘。

- 强敌2：厌倦。
- 强敌3：努力。

养成习惯的第一个强敌就是"遗忘"。

大家有没有这种经历呢？明明记住了但在要用的时候又忘记了。克服"遗忘"的办法很简单，例如"用手账或者手机记录下来""写一个便利贴，贴在显眼的地方""将要做的事告诉身边的人，如果自己忘记了就让身边的人帮忙提醒一下"，等等。

说来惭愧，我经常忘记关卫生间的灯。于是妻子就在卫生间里外都贴上了"记得关灯"的纸条（现在也一直贴着）。这样一来，忘记关灯的情况就大大减少了。虽然这种办法听起来就像对付小孩子一样，但确实很有效。

养成习惯的第二个强敌就是"厌倦"，也可以说是"不耐烦"。

我们举一个比较容易理解的例子——减肥。我们在下定决心开始减肥的时候，即使最初的一周能够坚持下来，但很快就会对单一的减肥方法感到厌倦。而且，一旦受挫，减肥就结束了。"啊，我真是个没用的家伙，总是输给食欲。"然后过了一段时间，又开始挑战新的减肥方法，如此往复，不断重复着同样的事情。

那么，我们该如何对付这个强敌呢？不妨这样思考："**厌倦了也没关系，如果厌倦了，就用下一个方法继续挑战。**"

我们还是以减肥为例，来展开说一下。如果用一种减肥方法坚持了一周后感到厌倦了，那么下一周就换一种方法继续挑战，再下一周再换一种。像这样一边变换方法一边持续减肥就可以了。

如果第一周是食物减肥法，那么第二周就换成运动减肥法，到了第三周改为心理减肥法㊀，第四周再回到食物减肥法。像这样每周转换一种方法，就可以避免产生厌倦情绪，在此期间，减肥这件事也没有断过，这样就会一点点瘦下来。

㊀ 心理减肥法是根据条件反射理论，运用心理知识分析肥胖者过食行动的行为特征，采取心理措施来纠正导致肥胖的行为，从而培养有利于减肥的饮食习惯。——译者注

这样坚持下来，减肥就能成为一种习惯。这样是不是就容易多了呢。

养成习惯的第三个强敌就是"努力"。

咦？努力不是好事吗？我们大多数人都这么认为。但事实上"努力"也是引发挫败感的一个危险因素。

所谓"努力"，就是要依靠意志力，也就是说从一开始就要不断加油、努力，完全要靠意志力坚持。但是，意志力是有限的，它并不能无限地涌出来，如果我们过度使用意志力，意志力就会枯竭。这一说法在心理学上也被证实过。

换成学习这个例子，可能更容易理解。上学的时候，我们通常会在考试前的一段时间"临时抱佛脚"，那个时候我们往往非常努力，但考试一过，就不会那么拼命了。可见，在短时间内拼命努力确实会取得一些成果，但要想长久维持，一直努力就是大忌了。

"不要一直努力"的关键就是要"不过度""不操之过急""做一个享受的计划"。

例如，在学习的时候，把当天的学习量控制在合理的范围内，到了时间就停下来休息；不要想着一定要在下次考试时成绩有大幅提高，而是从感兴趣的地方开始学习就行，等等。

关于"努力与养成习惯"，在我参与出版的《遗憾的努力》中有详细的讨论，感兴趣的读者可以读一读，是一本故事形式的书，十分有趣。

战胜了这三个强敌，并逐渐养成思考的习惯，这就相当于在自己身上导入了"自动系统"，它就像洗澡和刷牙一样，可以融入你的日常生活了。

所以，试一试不那么努力地去做一件事。

第 2 章

"思考技巧"能改变未来

面包店卖饭团

**原本普通的东西，只需一点改变
就会变成极具魅力的东西**

想必大家都听过"町中华"这个词吧。

"町中华"原本是指在街头巷尾的一些中华料理店，很早以前就有，店里卖一些拉面、饺子和炒饭之类的中餐，既便宜分量又足，很实惠。后来这些店所在的街道被称作"町中华"，也叫"唐人街"，如今在年轻女性群体中也很受欢迎。

明明是很久以前就有的一条街，而且也没有什么特别值得一逛的"景点"，但就是这样一条平常的美食街，在被电视台和一些社交媒体命名为"唐人街"后，其价值就一下子发生了变化，人们蜂拥而至。

事实上，这些中华料理店本身没有任何变化，只是周围的人重新发现了它的价值，给它起了一个新的名字，把它的价值传递出去了而已。

其实这样的事情经常发生，例如一些原本卖不出去的东西突然就都卖出去了，一些看起来没有魅力的东西突然就变得很受欢迎。

可见，即使是同样的东西，只要换一个角度去思考，或许就会变得不一样，产生与以往不同的价值。

Japanet Takata㊀的创始人高田明就拥有出色的"思考技巧"。Japanet Takata 的录音笔、电子词典、数码相机等产品大受欢迎，正是灵活运用"思考技巧"的结果。

对于文字工作者来说，录音笔就像是生活中的"三大件"一样，在采访等工作中发挥着重要的作用。但是，在一般家庭生活中，这些电子设备基本上不会用到。

然而，高田明却不这么认为。他挖掘出了录音笔

㊀ 日本的一家邮购公司，总部位于长崎县佐世保市，以电视购物业务知名。——译者注

新的价值点，并将其传达给了消费者。他说："父母辈、爷爷奶奶辈更应该使用录音笔。"因为老人上了年纪就健忘，这种时候，比起用脑子记、用笔记，录音笔更方便快捷，更容易防止健忘。就这样，高田明提出了录音笔的一个全新用法。

此外，高田明还想出了录音笔的另一个使用场景。妈妈因为工作繁忙不能及时回家的时候，用录音笔留言，对放学回来的孩子说："妈妈大概 6 点回家。点心放在冰箱里了哦！"孩子在听到妈妈的声音后，就会很安心地待在家里等妈妈。

从"用于采访录音的工具"转变为"防止健忘的工具"和"亲子沟通的工具"，高田明挖掘了录音笔新的价值。录音笔也因此一跃成为大热产品，月销量一下子达到了几千台。

这个案例之所以成功了，**并不是因为公司开发出了新的产品，而是因为全方位地思考了现有产品的魅力，换了一个角度，挖掘出了新的价值。**

这个案例使用的就是"思考技巧"中的"360 度

分解法"和"错位法"。这部分内容将在第 3 章进行详细阐述，这里仅简单概述一下这两个技巧。"360 度分解法"是一种全方位展现和挖掘产品和服务魅力的方法。"错位法"是指不使用我们熟悉的既有方法，而是通过错开顾客群体来创造新价值的方法。

高田明就是用了这两个思考技巧让其商品大受欢迎。我非常喜欢这个成功实现价值再创造的故事。

"创造价值"将是今后时代的关键词。而"思考技巧"则是创造价值的"武器"，我们要灵活运用这些技巧。

"思考技巧"是一片蓝海

提高销售额，解决人际关系的烦恼，和喜欢的人交往，增加收入，等等这些都是可以通过运用"思考技巧"来实现的事情。可以毫不夸张地说，"思考技巧"可以运用于所有事情。

尽管如此，真正掌握这个技巧的人却格外少。

我曾经在带领一个团队做项目时,对团队的伙伴们提出了一个小的要求:"为了把这个项目做到最好,希望大家把自己真正的'思考技巧'表达出来,写在纸上交给我。"在收到大家交上来的纸条时,我大吃一惊。我发现,大家写的都是一些"想法",内容确实也真诚,但就是没有任何具体的东西。总之,大家都不具备把"思考技巧"清楚表达出来的能力。也就是说,工作是凭感觉开展的。

为什么会这样呢?或许是因为没有什么学习的机会吧。当然,通过读书或是参加讨论会也是可以自学"思考技巧"的。但是,主动去学习的人其实很少,大多数人都没有系统地学习过或是掌握"思考技巧"。

因此,这反而是个绝佳的机会!趁着大多数人还没有意识到,早点进入这片"蓝海",掌握"思考技巧",它将成为你的超强优势!

不擅长思考和不擅长做饭,是一回事吗

下面介绍几个常见的没有"思考技巧"的人的例子。

问题：计划 A 和计划 B 都是难以舍弃的计划。该怎么选择呢？

没有"思考技巧"的人：选 A？或者 B？反正就只有这两个选项。

掌握"思考技巧"的人：A 和 B 都选。

问题：上司给我分配了一项很麻烦的工作，我该怎么办呢？

没有"思考技巧"的人：立刻开始思考怎么做。

掌握"思考技巧"的人：思考该怎么做之前，首先"确认目的"，然后做好"收集、调查、输入"等准备工作。

这两个例子可能有些极端，但是类似的情况确实很常见。

收到工作命令的时候，很多人都是直接开始想该怎么做。然而，在没有任何"输入"的情况下就开始

思考是肯定得不到答案的。

但是，我们总是会在刚开始思考的时候就想得到答案。

这样的人，很有可能厨艺也很差。因为那些不擅长做饭的人，在做饭的时候，往往都是直接上手，他们不会提前确认好整体流程，也没有想好每一步该怎么做，就直接开始了。比如，要炒一盘蔬菜，就把冰箱里的蔬菜拿出来，逐个切好，然后在平底锅里倒上油，开始不停翻炒。

其实，现在网络上有很多菜谱，只要稍微查一下，就能找到很多好吃的蔬菜菜谱。反正是要吃饭，大家肯定都想吃稍微好吃点的味道。

看着菜谱，能更有效率地做饭，否则就容易白白浪费时间却做得不怎么好吃。

不擅长思考的人和不擅长做饭的人，其本质问题是一样的。这样真的很可惜。

平凡的人也能持续做出畅销书

我本身并不是特别有创新感知力的人，也没有什么过人之处，就是很平凡的一个人。但就是我这样平凡的人做出了 1000 万册的畅销书，我认为很大程度上就是得益于"思考技巧"。因为我一直在思考一些方法，能够让感知力和能力一般的自己掌握真正意义上的"思考"。

在日本的大部分出版公司里，很少有公司统一培训编辑们如何编辑图书，大部分工作都是靠编辑自己摸索。所以编辑能力优秀的人就能持续做出畅销书，相反，不具备这方面经验的编辑就很难做出成绩。

对于这种情况，我一直都有一个疑问。如果这些懂得编辑技巧的编辑辞职了，那么公司就面临严重的技术流失问题，这样一来，公司怎么可能会发展起来呢？

因此，我开始研究如何在公司范围内建立起一种体制，能让核心技术一直留在公司里。

考虑许久后，我想到一个办法，那就是写一本书，让没什么经验的人也能读懂的书。我把这些方法总结出来，把工作技巧都用文字表述出来，让所有人都能共享"思考技巧"。结果，我们团队逐渐成长为一个经常能做出爆款产品的团队。

这本内部的指南手册包含了很多细致的内容，例如，"在思考书名时，可以使用'加乘法''360度分解法''探寻本质'（见第3章）"等方法。

"思考"会有很多障碍

我们都知道思考很重要，但思考确实是件很麻烦的事情。即使我们想努力思考，但通常很多时候都不是在"思考"，而是处于"打算思考一下"的状态。围绕着主题不停地来回纠结，根本无法解决问题。想必大家都有过这样的经历吧。

可见，在"思考"的过程中，存在着很多阻碍我们思考的因素。

"注意力很难集中,总是想别的事情。"

"我不知道该怎么思考,不知道方法。"

"我经常会揣摩周围的人,总是处于一种思考停滞状态。"

"信息太少,不知道从哪里开始思考。"

"过于相信以往经验,却没有意识到过去的经验已经不再适用于当下了。"

"心里一旦认定是这样,就完全不会想其他的了。不知不觉中,就会按照自己的想法做决定。"

这些都是阻碍我们思考的因素。

可见,"思考"既麻烦又费脑。因为大脑本来就是为了让人类尽量少思考就能生存而生的。

"想"是自然而然发生的行为,而"思考"却必须有意识地去做。有时,即使我们有意识地去做,也会面临很多障碍。

不过请放心,只要掌握了"思考技巧",就能解决大部分的障碍。

例如灵活运用笔记,就能解决"无法持续专注"的问题(该部分内容将在第 4 章详细展开)。这种方法比只在脑子里思考更能提高专注力。

"不知道思考的方法""容易揣度别人""过于相信过去的经验""认死理儿",等等这些问题,在本书中都有涉及,经常翻开书读一读就能逐渐避免这些情况。

重要的是每天的积累。

无论是多么小的一件事,坚持一周、一个月、一年下来,就会发生切实的改变。等到某一天,你就会突然发现自己已经掌握了"思考的技巧",自己的行为、甚至是大脑都发生了变化。

如此一来,很多事情就都会变得不一样了,**你的影响力也会逐渐扩散到周围,从而影响甚至改变他人的想法和行动。**

人们常说"要想改变别人,首先要改变自己",说的就是这个道理。

东大毕业的人大多掌握了"学习技巧"

我曾经采访过毕业于东京大学(简称"东大")的人们。当时,我听说在东京大学的学生当中,"书呆子"类型的人是极少数。那么,那些能进入东京大学的人,难道单纯就是因为比别人聪明吗?所谓聪明的人,是指有独立思考能力,且拥有敏锐的观察力和精准的判断力,同时善于交流和表达的人。所以,大家普遍认为那些"聪明的人"就是脑子很好的人。

但是,随着采访的深入,我逐渐发现了一些有趣的事情。

东京大学的很多学生在开始学习之前,都会先学习"学习技巧",他们会先思考怎样做才能提高学习效率。

例如,"数学题要先看答案,然后再研究解题方法"。这是一个在日本很有名的学习方法。

另外,下面这两种情况,你是否也会经常遇到或者听说过呢？

背英语单词总是先从 A 开头的单词开始，然后学到中途的时候就没什么动力往下学了，所以往往就只记住了 A 开头的单词，S 和 T 开头的单词却总是记不住。

同样，对于日本历史，绳文时代和弥生时代的事情记得就很深刻，但到了明治时代就总是记不住。

实话实说，我就是这样。但是东大的学生就不会这样，他们的学习效率往往很高，精力很少被浪费。而像我这样平凡的学生，通常都是勤勤恳恳地按顺序"死记硬背"，结果往往是半途而废。长此以往，日积月累，平凡的学生和考入东大的学生之间的差距就会越来越大。

要知道，学习的技巧和思考的技巧，本质上都是一样的，都是先设定好一个目标，然后掌握高效达成目标的方法和技巧，最后付诸实践的过程。

只要掌握了技巧，结果就会大大改变。

运用"思考技巧"去创造美好人生

曾经有一段时间，朋友总说："最近总觉得生活很无聊。虽然一直在工作，但感觉已经没什么能让人兴奋的事情了……"

我和他深聊之后才知道，他觉得"虽然工作进展得很顺利，但是长年做同样的事情已经厌倦了。而事到如今，也不知道自己想做什么，每天只能浑浑噩噩地生活着，也不知道怎么做才能改变现状"。

像他那么优秀的人，竟然抱着这样的想法生活，我觉得十分可惜。

思来想去，我认为造成这种局面的原因就在于人的"思维定式"。因为，人类的大脑构造就是很容易会将思考引向人们习惯、熟悉的方向。

我们的人生只有一次，如果一直都是浑浑噩噩地度过，那就真的太可惜了。谁都想度过一个幸福的人生，然而这是很难实现的事情。

那么，是什么阻碍了我们享受幸福人生呢？是外部环境吗？还是我们的能力或意愿？

在我看来，**最大的原因就在于"思维定式"**。

例如，我们常常会听到身边的人这么说："我已经有家庭了，我很珍视我的家人，所以没办法随心所欲地做自己喜欢的事情。"

这个理由经常出现在"不能随心所欲行动的理由"排名的前几位。

但是，真的是这样吗？这其实就是上文提到的，没有"思考技巧"的人经常会有的一个误区——只能"二选一"。

- "有家人"→"必须养家"→"即使是不喜欢的工作也不能辞职"。
- "能靠自己喜欢的事情吃饭的人不是凡人"→"我没有那样的能力"→"所以我不行"。

想必上面这类想法，很多人都会有。

但是，如果你掌握了"思考技巧"，你的大脑就有可能会产生下面这样的思考过程。

- "有家人"→"想让家人看到自己快乐生活的样子，而不是厌世的样子"→"家人看到我开心，他们才会开心"。
- "能靠喜欢的事情吃饭的人是幸福的人"→"自己也想成为幸福的人"→"试着想想，怎样才能靠喜欢的事吃饭呢"。

接下来，就只需要将"怎样才能靠自己喜欢的事情吃饭"套进"思考技巧"的公式上即可。当得出了结论，知道要做什么了之后，剩下的就是抓紧去行动了。

松冈修造㊀为什么能成为日本第一热血男人

我们的人生是由极其简单的原则组成的，那就是：

人生 ＝ 思考 ＋ 行动

思考什么，就会采取什么行动，而其结果将创造你的人生和未来。

㊀ 松冈修造，日本前网球国手，凭借丰富历练与热血人格，他活跃于体育播报界与演艺界，并担任日本奥林匹克协会理事。——译者注

从现在开始的 10 分钟时间里，你是悠闲地看几个消磨时间的视频，还是思考自己能为社会做些什么贡献。仅仅 10 分钟的不同，你的人生就可能会因此发生巨大的变化。而这些积累就是你的未来。

例如，如果我每天都去街边的那家炸鸡店吃炸鸡，那么未来我就一定会变成一个胖子。"想吃炸鸡块"→"去吃炸鸡块"。事实上，肥胖也是我们思考和行动积累的结果。

思考和行动创造的不仅仅是我们的未来，还有我们的性格。

我曾有幸为松冈修造先生的 4 本书做出版工作。说起松冈先生，那真可称得上是日本最热血的男人。甚至有传言说，他连天气也能控制。他也是一个超级乐观积极的人。

但是，据说松冈先生原本的性格很消极。（详细内容请阅读《松冈修造：坚强活出人生的 83 句箴言》。）而其后来能够转变为乐观积极的性格，正是他长年不断思考的"积累"造就的。

今后的人生想怎么过，未来想变成什么样的人，要不要去实现那个梦想呢，还是放弃呢，等等。这些都取决于你的思考。

也就是说，思考为先！这似乎是理所当然的事情，却是非常重要的一点。

即便让人"在大脑开始思考之前，就要先去行动"，这对于一般人来说也是很困难的事情。所以，改变思维方式才是最重要的事情。

总之，人生应以思考为先！

专栏 失败是最好的养分

我有一个特别值得炫耀的经历。那就是我失败的次数非常多。

我在20多岁的时候,经历了多次的失败。我经常被上司批评,也有过在咖啡店被著名演员殴打的经历。除此之外,我还经历了很多在这里无法提及的失败。

然而,正是这无数次的失败,让我明白了一个道理,那就是"失败是最好的养分"。

因为失败总是伴随着特别强烈的情感,例如会责怪自己为什么要给别人添麻烦,或者是自己内心的痛苦折磨。这种伴随着强烈情感的经历,往往会长久地留在人的心中。比如当我们回想起以前的失恋经历，至今仍会觉得心头一紧。这种强烈的情感记忆就和失恋的感觉很像。

不过，要想让失败成为最好的养分，有一件事必须要做，那就是要时常来一次"反省会"。在"反省会"上，回顾自己没做成的事情，思考为什么会失败，怎样做才能避免失败，以及今后如何在自己的人生中利用这次失败。

因此，不要让后悔成为一件事的终点，每一次失败后一定要开一次"反省会"。这才是将失败作为最佳养分的方法。

我的日程里就有"每个月开一次反省会"的安排。

这种"一人反省会"，一般情况下都是使用写笔记的方式，回顾一个月里的失败和不顺利的事情。然后我们要做的就是"思考失败的原因"以及"今后如何才能避免类似的失败"。

当我们开始找寻失败的原因，就会发现很多问题。

以我至今为止的经验来看，失败都是有明确理由的。拿我的编辑工作来说，在分析失败的时候就会发现，策划阶段的失误、制作阶段的失误、宣传和销售阶段的失误，等等，一定是在某个过程中存在失败的理由。而只有找到了失败的那个点，才能在接下来的工作中提高准确度。

但是，只是单纯地反省并不能彻底消除失败。我们生活在一个变幻莫测的时代，以前行得通的做法可能如今就不奏效了。正因为如此，我们才更有必要随时随地进行反省和思考。

第 3 章

熟练运用 "思考技巧"

创意不是偶然浮现出来的,而是实践出来的

本章将带你掌握"思考技巧",详细阐述如何才能找到答案或想出好创意。

有一个词叫"创意人"(ideaman),是指那些具有创造性思维的人,他们总是能想到别人想不到的点子。

不过,这并不是一种特殊的能力,相反是我们大部分人都能掌握的能力,只不过一直以来都没有人将这些方法总结出来告诉大家。

误区: 只有那些具有特殊能力和技能的人才能想出好创意。

正解: 只要掌握了方法,谁都能想出好创意。

要想运用"思考技巧"来想出好创意，就需要遵循以下三个重要的法则。

法则1：设定目标。

法则2：先"输入"信息，然后整理现状。

法则3：思考＝"水平思考"+"垂直思考"。

只要遵循这三个法则去思考问题，我们就会很轻松地想出好的办法或创意。下面我们来逐一分析这三个法则。

法则1：设定目标

我们在思考问题时，有时会陷入一团"迷雾"中，这往往就是目标不明确导致的。

因此，一切思考都必须首先设定目标，也就是目的。

很多烦恼都是由于目标不明确才产生的。坦白说，我们处在"烦恼"状态时就是在白白浪费时间。

每个人的一天都有24个小时，但这一天的质量却因人而异。有的人把 24 个小时过成了 16 个小时，而有的人却能把 24 个小时过成 25 个小时，甚至 30 个小时。

产生这种差距的原因之一就是"烦恼"。

烦恼会夺走你人生的大部分时间。

烦恼是一种混沌的状态，它会让你的大脑被一种不安的情绪所支配。那种感觉就像在迷雾中开车，找不到方向，不知道该往哪里走。

但是，面对烦恼，一旦我们设定了目标，"迷雾"就会瞬间散开。

例如，如果你现在正在烦恼"A 是不是讨厌我呢"，那么你就把目标设定成"A 讨厌我"或者是"与 A 保持距离"。这样一来，根据设定目标的不同，你采取的措施就会完全不同。

可以说，一旦设定了目标，烦恼就解决了一半。

"你对金钱的不安，能通过存钱消除吗？"

因为我从事编辑工作，所以能有机会与各行各业的专家交流。上面这句话就是一位理财专家说的。

"我们很多人都有金钱焦虑,其实就是对将来感到不安。要说怎样才能消除这种不安感,在这个低利率时代,可能唯一的办法也就只有存钱。当然,存钱并不是一件坏事,但是仅仅依靠存钱,是永远也消除不了这种不安感的,然而很多人除了这么做别无他法。大家一直都没有一个很好的解决办法。"

例如,有一个 43 岁的人,因为看到一则新闻说"一个人的老年生活需要 2000 万日元",于是就担心起自己的老年生活,打算马上开始执行每个月存 3 万日元的计划。

这样算下来,他每年用于储蓄的钱就有 36 万日元。如果工作到 70 岁,就存了 27 年的钱,若按照利率为 0 计算的话,到了 70 岁,他也只有 972 万日元的存款。显然,离所谓的 2000 万日元的养老目标还相差甚远。如果没有退休金和父辈留下的遗产,要想达到 2000 万日元的目标,每个月就需要至少 6 万日元的存款。

第 3 章 熟练运用「思考技巧」

其实，我们在思考问题的时候，也会经常发生这类问题。

例如，在工作中的一些磋商或是会议中，总是会有意见不合的时候，这时就容易发生一些情绪化的碰撞。

事实上，这些冲突大部分都是因为在开会之前没有设定一个目标，从而导致一些类似于"真是太让人恼火了""凭什么否定我"等情绪化的激烈碰撞。其实，在这种时候，我们可能都已经忘记双方在讨论什么了。

如果参加会议的每个人都清楚知道讨论的目标，也就不会引发争吵，大家就能够朝着一个目标积极地讨论下去。

所以，工作中发生的大部分冲突都是"没能设定一个目标"导致的。

不要让"手段"变成"目的"

此外，"常识"也是需要注意的一个因素。因为"常识"很容易让人停止思考，如果不去怀疑"常识"，我们就很容易在不知不觉中把一件事的目标和过程偷换概念，这样一来"手段"就会逐渐变成"目的"。

工藤勇一是日本教育改革领域里非常著名的一位人物，他曾是东京都千代田区麦町中学的校长，现任横滨创英中学校长。为了管理现在教育领域中盛行的"把手段当作目的"的不正之风，工藤校长在学校进行了一系列改革。

在工藤校长所著的《重构学校教育模式：如何选择最优手段实现教育目标》一书中，介绍了很多麦町中学的改革案例，例如，取消家庭作业、期中期末考试以及固定班主任制度等。

这些改革想法都是基于"学校到底是为了什么而存在"的思考。当从这一角度出发去思考的时候，工藤校长发现，那些本来应该是"手段"的家庭作业、期中期末考试，如今已经逐渐变成了"目的"，而学校本来的目的却被人们忘记了。要知道，学校本来的目的应该是"培养学生能够在社会上更好地生存"，在意识到问题的根本所在之后，工藤校长明白，这才是现在学校里亟待解决的问题。

然而，这种"把手段当作目的"的情况不仅限于学校，在职场、家庭、日常生活中都会发生，而且也是我们在思考问题时经常会犯的错误。

所谓的"设定目标"，就是要"回到原点开始思考"。

这样一来我们在思考问题时就不会"迷路"，会一直顺利地思考下去。

总结： 要设定目标。一旦偏颇就要马上回归到"目标"，也就是原点。

法则2：先"输入"信息，然后整理现状

所谓"思考"，并不是强迫自己绞尽脑汁地想出办法，而是要从整理现状开始。整理现状必须要经历以

下三个过程。

1）设定问题。

2）搜集必要的信息。

3）整理搜集到的信息。

下面我们来逐一分析这三个过程。

设定问题

首先要设定好问题，也就是要设定好"在达成目标的过程中，会遇到什么问题"。

例如，如果你的目标是"与 A 约会"，那么你的问题就会是"A 对你并没有兴趣"。此外，还有下面这类例子。

（目标）开发畅销的新商品。
（问题）不知道如何打造畅销商品。

（目标）每年储蓄 100 万日元。
（问题）每个月必须多存 5 万日元。

搜集必要的信息

设定好问题后，就要去搜集必要的信息。

在搜集信息的过程中，需要注意的是，要抱着解决问题的目的，朝着设定的目标去搜集，而不是随便地搜集，要有目的地去做。

一旦目标明确了，就会产生一种"彩色浴效应"（color bath）㊀。我们的大脑拥有一种特殊的能力，那就是你意识到的信息通常会自然地被你注意到。有意思的是，当你没有意识到时，即便信息就在你的眼前，你也不会注意到，但是一旦你意识到，信息就会马上进入你的视线。因为，我们的大脑会自动帮我们判断信息对我们的重要程度。

但是，在搜集信息时也需要注意一点，那就是**"不要花太多时间"**。

例如，在搜集信息时，我们会发现，真正重要的信息大部分都不可能在网上找到。因此，在搜集信息

㊀ 心理学的一个名词，意思是与你意识到的事情有关的信息，会出现在你的周遭。——译者注

时，找到信息源就相当重要。

不过，如果是为了"思考"问题而搜集信息，我认为首先从书里或者网站上去查找依然是一个很好的办法。因为这样就不会花费太多的时间。

在了解某个新的事物时，通常我会先读 5 本左右与这个主题相关的图书，并在网上搜集 10 条左右的信息。

因为大部分的书都是由相关领域的专家写的，所以查阅书籍能够直接了解该领域专家的看法。

在选书的时候，我通常会先去书店，实际去翻阅相关领域的图书。因为，**如果不去实际翻阅图书，就不会知道书里是否有自己想要的信息。**因此，选书的第一步就是去书店翻阅相关书籍，找到自己真正需要的图书。

但是，实体书店一般很少展示老书，因此要想获得更多信息就需要到亚马逊或者乐天 Books 这类网络书店上去找。

在网上搜集信息的好处是，针对一个问题，通过搜集 10 条以上不同角度的信息，就能够扩展思路。

例如，你正在思考和喜欢的人约会这件事。此时，如果你在网上搜索，就会发现有很多约会案例。你会发现有各种各样的信息可以借鉴，有普通的约会，有惊喜的约会，还有失败的约会或者奇葩的约会。可以说，只要在网上搜集 10 条左右的信息，你就能够对一件事有一个整体的了解。

除了了解知识，网络还可以用来搜集事例。这些事例凝结了很多启示。

例如，我想出版一本至今没有涉足过的领域的书，我正在思考如何才能让更多的人知道这本书，于是在网上搜索一些案例，看看有没有我不知道的宣传方法。

当然，网络上的信息有虚假的，也有零散的没什么价值的，对于这类信息直接忽略即可。所以在网上搜集信息必须要弄清楚信息的真假，总之，通过书籍和网络来搜集信息还是能够节省很多时间的。

一旦花过多时间在提高信息质量上，那么搜集信息就容易被当作目的，这就会导致你逐渐偏离真正的目的。

例如，在做饭时，与其花费大量时间去思考食谱和收集食材，四处忙碌，还不如直接去超市买现有的食材，然后思考怎样能做出美味的饭菜。

事实上，在思考问题时你并不需要100%地了解它，通常搜集到60%的信息就可以先开始。因此，在搜集信息时不要花费太多的时间。

整理搜集到的信息

搜集到信息后，接下来要做的就是整理搜集到的信息。此时需要注意以下两点。

要考虑到人性的普遍性和人们内心真正的想法，然后再整理信息

"不喜欢麻烦的事情，喜欢轻松的事情""不喜欢无聊的东西，喜欢有趣的东西""大家都说好的东西，自己就喜欢""对未来有一种不安感""想永远保持活力",等等,这些都是大多数人内心真正的想法。

我们要注意到的并不是那些表现出来的东西,而是潜藏在人们内心深处的东西。这样一来,我们就会看清楚信息的真伪或事情的本质。

要学会怀疑搜集到的信息

我在工作中经常说这样一句话:编辑必须要学会站在恶人的角度来看问题。如果持一个好人心态的话,那么看到什么都是好的,会觉得什么都可以,都没问题。一旦内心认定"这真是一个好想法",原本会停下来思考一下的过程就很可能被直接忽略。所以,当我们搜集到信息后,"质疑""不相信""吐槽"是第一步。这部分内容将在第 4 章中详细阐述。

总结: 不要总想做到 100 分,先从以上三个过程开始行动。

法则 3：思考 = "水平思考" + "垂直思考"

前文中已经多次提到，"思考"有两个重要的因素。

- 水平思考。
- 垂直思考。

将二者的关系用图像表现出来的话就是下面的"思考摩天轮"（见图 3-1）——将要思考的问题放在中间，分别进行水平思考和垂直思考，即同时具备广度与深度。

那么到底如何进行水平思考和垂直思考呢，下面我们详细展开来说。

"水平思考"的方法

- 加乘法：史蒂夫·乔布斯也用这种思维方法来构思创意。
- 串联联想法：想要在已有的东西里发掘出新的魅力和价值，就需要这种方法。

思考摩天轮

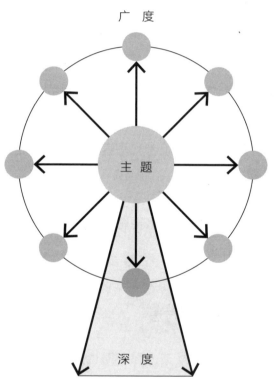

图 3-1　思考就是"水平思考"和"垂直思考"

- 错位法：在遇到瓶颈时，可以使用这种方法。
- 摆脱"二选一"的思维定式：在不知该如何抉择的时候，可以使用这种方法。
- 整合法：能够让一件小事变得有价值。
- 如果有就好了：想实现梦想的时候，可以使用这种方法。

"垂直思考"的方法

- 360度分解法：发现"优势"与"强项"。
- 正向价值化：将劣势和弱项转变为优势和强项。
- 自己、身边的人、社会：瞬间提升说服力的方法。
- 双六法：想要找到到达终点的最短距离时，可以使用这种方法。
- 探寻本质：发现潜藏在人内心深处的心理。
- 宣传语法：想要让更多的人感受到某个东西的魅力时，可以使用这种方法。

这些方法既可以单独使用，也可以几种一起组合使用，组合使用会进一步拓宽思维的广度。

例如，当我策划一本新书时，我首先使用的就是"如果有就好了"的思考方法来思考问题。

紧接着，我会使用"加乘法""串联联想法"以及"错位法"，来思考我新书计划的具体内容。

运用这几种方法，一个初步的计划就有了，然后再运用"双六法"或者"自己、身边的人、社会"等思考方法，来让这个计划有意义。

再比如，当你接手了一项商品宣传的工作任务，此时，你可以首先使用"360度分解法"来做一个整体的把握，然后运用"正向价值化"来打造商品的优势和强项，接下来再使用"宣传语法""加乘法"或者"错位法"等方法，将这些信息传播出去。可以说，只要综合运用这些方法，就可以拟订出一个优秀的宣传计划。

因此，我们可以综合运用这些方法来思考问题。

不过，请根据你自己的目标或问题来具体问题具体分析，灵活运用上述这些方法。

水平思考的方法 1/6　加乘法

　　史蒂夫·乔布斯曾说过"创造力就是把事物联系在一起"。我认为，把事物联系在一起就是运用加乘法的过程。

　　《大便汉字练习册》[一]、乳酸菌巧克力、机器人吸尘器"伦巴"、手持电风扇，等等，这些热销商品很多都是通过"加乘法"诞生的。

　　"加乘法"的关键点就是**将没见过的词语搭配起来**。

　　我们的大脑擅长逻辑性的思考。

　　但是，逻辑是有限的。也就是说，我们越是按照逻辑去思考，就越容易想到一些理所当然、似曾相识的东西。因此，"逻辑性思考"与"非逻辑性思考"就相当于"思考"的两个轮子，一个都不能少。

[一] 《大便汉字练习册》是日本文响社出版的汉字练习册，以大便为题材，书中还有大便老师等原创角色登场，以便孩子们边笑边记住一些难记的汉字，激发孩子的学习兴趣。——译者注

新创意往往是通过走出大脑的限制，与意想不到的事物相碰撞而产生的。

例如，如今在日本小学生读物里大受欢迎的《大便汉字练习册》，就是"大便"和"汉字练习册"相碰撞的结果。不得不说，这真的是一个非常棒的创意。

说起来，孩子们好像确实很喜欢书中的大便角色。事实上，这种能够让人产生"说起来……好像确实……"的部分，也是畅销商品的一个共同点。

畅销的两大要素是"新颖"和"共鸣"。

"说起来"本质上就是共鸣。

在我策划的图书中，也有同样通过运用"加乘法"而大受欢迎的书。例如，2019年度畅销书第4名的《医生为你设计的"长寿味噌汤"》、畅销80万册的《为新手打造的3000日元的投资生活》以及畅销10万册的《牙科医生为你设计的排毒含漱法》等。

《医生为你设计的"长寿味噌汤"》是将"医生"

"长寿""味噌汤"这三个从未碰撞过的价值点组合在一起的企划案。

对"医生"的信赖、对"长寿"的追求,以及被认为是对身体有益的"味噌汤",这三者结合在一起就产生了新的价值。

结果,这本书大受欢迎,甚至导致书中所述配方中的大酱和苹果醋一度从超市货架上消失了。很多大酱制造商高兴地表示:"这是我从未有过的大酱宣传活动!"

此外,还有运用"加乘法"一跃成为人气观光地的寺院。据说有一个寺院,之前很少有人去拜访,但寺院里的花非常漂亮,称得上是这个寺院独有的特色。于是,寺院的工作人员就想到用以下这句广告语来做宣传:

寺院 × 花 × Instagram 晒照

美丽的花并不是只开在庭院里,在社交平台 Instagram 上也是遍地开花。

结果，这些照片在 Instagram 上被广泛传播，甚至电视台都去采访了几十次。如今该寺院已经成了一座人气极高的寺院。

原中学校长、教育改革实践家藤原和博先生在自己的书中写道："要想在今后的时代中取得胜利，**关键在于让自己变得稀有**。"（详细内容见《藤原和博成为那 1% 的人的方法》一书。）

据说，一个人要想做好一项工作，大概需要 1 万小时。如果通过花费 1 万小时成了某个领域的专家，那么就相当于在某个职业领域中积累了 1 万小时的经验。而如果我们能掌握三种职业技能，那么我们就能成为超稀有人才。

假设掌握一种职业技能的人的占比是"百分之一"，那么掌握三种职业技能的人的占比就是"百分之一"בבב"百分之一"בבב"百分之一"="百万分之一"。也就是说，如果你掌握三种职业技能，那么你就是"百万分之一"的稀有人才。

其实，在打造个人品牌时，就可以使用"加乘法"。

追求与奇迹的邂逅，总之就是数量！数量！数量！

"加乘法"的做法非常简单。

首先，我们写下一个核心关键词，接下来，试着把看到的、想到的词语和这个关键词联系起来，**一直重复这个行为，直到"奇迹"出现**。

假如现在需要做一个"降低员工离职率的方案"。那么，这个方案的核心关键词就是"离职"。确定了关键词后，紧接着就要不断进行联想，与之关联。例如，我们可以写下如下内容：

- 提供午餐。
- 员工休假。
- 员工表彰。
- 员工礼物。
- 每日激励。
- 每周激励。
- 职场名人。
- 职场冠军。

由于这种做法是想到什么就写什么，所以难免也会出现一些莫名其妙的东西。

不过，通过这样的联想思考，就会产生一些想法，如"咦？这部分是不是可以做点什么呢""这个办法实行起来是不是会有效果呢"，等等。

这样一来，创意的基础就有了，接下来就是进行更具体的思考了。

很多时候，一种新的碰撞会成为一个契机，它会驱使我们创造出连我们自己都意想不到的有趣事物。

总结：一个新的组合，就从"想到的东西"里寻找！

水平思考的方法 2/6　串联联想法

"加乘法"是将未曾接触过的事物相组合的方法，而"串联联想法"则是将接触过的事物、能想到的事物逐一联系起来的方法。当你想从已有的事物中发现

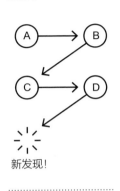

新发现!

新的魅力和价值点时,不妨试试这个方法。

在运用"串联联想法"时,我们没必要想得太复杂,只须将思考的主题放在正中间,通过全方位的"串联",不断地展开联想,向外扩展思考即可。

我们来举例说明一下。

假如现在我们需要研究一个关于"激活逐渐萧条的商业街"的方案。

首先,我们在一张纸的正中间写上"商业街"三个字。由这三个字可以联想到的词有:"美食""景点""散步""人""第三空间""活动""居民""输出",等等,我们想到哪里就可以发散到哪里。

紧接着,我们还能从"美食"延伸到"盒饭""半成品""subsc"[一]等;从"景点"延伸到"历史""游

[一] subsc 是日本的一个在线商城。每月会固定邮寄给付费用户固定金额的商品。这种"每个月都很期待会收到什么"的感觉,为用户提供了新的购物体验。——译者注

戏""神社""寺庙"等，在此基础上还能延伸到"祈福学业""巡礼"等。

就这样，将能够联系起来的点都写下来，当纸上写满了联想内容之后，我们就可以从中寻找一些可以用在商店街上的创意（见图 3-2）。

当我们开始发散思维，各种有趣的创意就会源源不断地出现。例如，商业街的店铺能不能集体搞一个合作，弄出来一个"商业街 subsc"呢？周一是荞麦面店的荞麦，周二是面包店的三明治，等等。除了这种模式之外，应该还会出现很多新的创意经营方法。

怎么样？是不是很棒？这样一来，原本濒临倒闭的商业街就有可能会成为一个充满魅力的地方，能够探索出前所未有的惊喜和趣味。这就是"串联联想法"的魅力所在。

如果不使用"串联联想法"来思考如何激活商业街，可能就容易出现这样的情况："其他商业街做的事情，我们商业街也模仿一下吧""万圣节就举办万圣节的活动，圣诞节就举办圣诞节的活动"，等等。

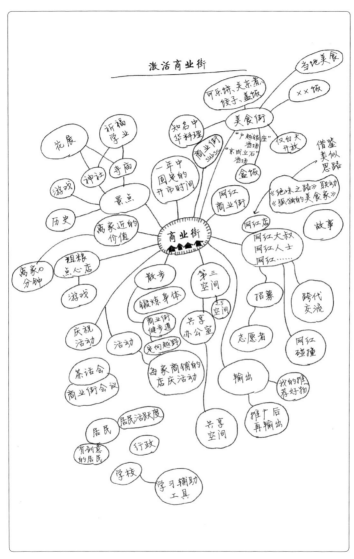

图 3-2 运用"串联联想法"思考"如何激活逐渐萧条的商业街"

实际上，很多商业街确实也是这么想、这么做的。

这样一来，这些商业街就只能像随处可见的金太郎糖㊀一样，毫无特色。如果不去思考商业街越来越冷清的原因，只是一味地模仿其他商业街，那么就很难挖掘和展现出自己独有的魅力。

当然，参考其他商业街的做法也可以，但在模仿的基础上还是应该不断联想，拓展思维，才能有新的创意。

这样才能打造出一条独具特色的商业街。

总结： 从写满一张纸开始吧！

㊀ 金太郎糖是日本江户时代流行的一种糖果。通过将各种花色的糖搓成条状，并通过预想中的设计组合成筒状，然后将其拉伸成条，再横向切成粒。因为金太郎糖不管怎么切，横断面都是一样的，所以也用金太郎糖来比喻千人一面的现象。——译者注

水平思考的方法 3/6　错位法

这个方法和"串联联想法"一样，适用于想要发现已有事物新的价值点的时候。通过运用"错位法"，可以为已有商品开发出新的卖点。

比如在工作中，自己负责的商品或服务卖不出去的时候，就很适合运用"错位法"。

现在在日本大受欢迎的工装品牌WORKMAN，就是通过这种"错位法"抓住了新顾客。WORKMAN原本是一个生产普通工作服的品牌，有自己的市场份额，但是随着设计风格的时尚化，普通消费者也开始购买这种商品。注意到这一市场变化后，该品牌立即做出调整，将竞争市场"错位"到户外领域，不再仅限于工作服领域。

不过，在户外领域有很多有力的竞争对手。

但是，WORKMAN在其中发现了一个"低价格、高功能"的市场。之前户外品牌的主战场上都是"高价格、高功能"的品牌,而"低价格、高功能"的市场却是空白的。WORKMAN 并没有去争夺已有市场,开发户外专用商品,而是发现了已有商品的价值,从而错开了红海市场。

拿我自己的工作经验来说。我曾经也使用过"错位法",把我做的书打造成了畅销书。

那本书就是《"大雄"的活法》。虽然这本书是在 10 多年前发售的,但这几年销量也一直在增长,已经成为销量 40 多万册的畅销书。作者是长期研究"哆啦 A 梦学"的富山大学名誉教授横山泰行。

这本书原本的定位是面向年轻职场人士的自我启发类的书。但是有一天,我们收到了几张读者寄来的明信片。

"我不擅长读书,但是这本书让我很轻松地就读了起来。"(男孩,11 岁)

"虽然书里的汉字有点难,但是越读越想读,读起来很愉快。读后感也很好写。"(女孩,11 岁)

"这是一本非常好的书,改变了我对大雄的看法。我想写一篇读后感。(男孩,12岁)

从书店的销售数据来看,不断地有40多岁的女性来买这本书。我一开始不明白为什么是40多岁年龄段的女性,陆续收到明信片后,我才意识到,原来她们家里都有上小学或初中的孩子。

因此,我快速将这本书的定位从"面向职场人士的自我启发类的书"调整为"孩子看完后,能够用来写读后感的书"。关于书店陈列方式,我也拜托书店把这本书从"自我启发书"的柜台换到了"童书"柜台。比如,把它放在暑假作业练习册旁边的位置。

于是,越来越多的孩子都收到了这本书,这本书也因此成了销量40多万册的畅销书。正是通过这种"价值错位"的方法,这本书才会大受欢迎。

事实上,"错位法"就是价值的再发现。**即使看起来是理所当然的事情,只要用"错位法"重新审视一次,就有可能发现新的价值点。**

比起"大脑",请使用"眼睛和耳朵"

运用"错位法"时,首先就要舍弃固有的想法。

我们要舍弃以往的经验,不要限定明确的目标,尽可能寻找可以"错位"的场所和人群。比如,对于一个商品或一项服务,我们要做的就是尽量聆听用户的声音,仔细观察用户的反应。

能够把《"大雄"的活法》成功"错位",正是得益于听到了读者的声音。

要知道,我们大脑能够思考的事情是有限的。但我们通过仔细听声音、仔细观察就会发现很多新的点。

日本的大多数机场里都会摆放一排排扭蛋机,里面各种新奇的扭蛋,竟然能成为外国人最喜欢带走的伴手礼,甚至一年销量能达到1万个。这也是运用"错位法"的成功案例。

如果你是一位销售人员,那么就请试试用"错位法"寻找新的销售对象;如果你是做人力工作的人,那么就试着避开一些常见的培训内容，去看看其他内容。

并不是创造了新事物才称得上是创新。"重新定义价值"也是一种创新。

总结： 仔细聆听用户和市场的声音，你会有意外发现！

水平思考的方法 4/6　摆脱"二选一"的思维定式

我们去餐厅吃饭的时候，总会有些时候既想吃汉堡，同时又想吃炸虾。那么，这种情况下，通常要怎么选择呢？

每到这种时候，我们就会想：如果有"汉堡和炸虾套餐"，那就太棒了！

我们每个人在一天当中都会做出很多选择。而"A或B"这种非此即彼的情况，在我们一生当中会遇到很多次。

"先泡澡还是先吃饭？"

"我和工作，哪个更重要？"

"出去玩之前要先做作业！"（当然，这可能不是选择，而是强制……）

但是，当我们在思考问题的时候，有时就必须要用"A和B"，而不是"A或B"的思考方式。

以减肥为例。所谓减肥，简单来说就是抑制"想吃"的欲望，优先"想瘦"的欲望。很明显，"想吃"的欲望和"想瘦"的欲望是相反的，人们普遍认为选择其中一方，就势必要舍弃另一方。

但是，如果有既能满足"想吃"的欲望，又能实现"想瘦"的欲望的方法，那么想减肥的人一定会非常高兴吧！

因此，在考虑减肥相关的商品或服务时，如果能开发出同时满足这两种需求的产品，就很有可能大卖。

面对"我和工作，哪个更重要？"这样的提问场景，重要的不是选择其中一方，而是考虑同时重视两者的方法。夫妻关系也好，恋人关系也罢，只要能做到这一点，就能保持和谐的关系。

比起"二选一"，建议"一石二鸟"

摆脱"二选一"的思维定式，其好处是，可以**一次性解决多个问题**。

我曾在广播里听到过下面这样一则故事。

有一天早上，一位爸爸下了夜班回到家，不久后妈妈想去买点东西，但是家里有四个年幼的孩子，而且外面还不凑巧地下雪了。爸爸上完夜班急需睡觉，而妈妈带着孩子雪天去买东西又很不方便，也不能把孩子单独丢下。

此时，爸爸说："我来照顾孩子，你去买东西就行了。"于是妈妈便出门了。30分钟后回到家，发现爸爸正在客厅睡觉。平时吵闹的四个孩子正围着爸爸安静地画画。这是怎么回事呢？原来，这位爸爸是这么对孩子说的："你们谁能把我睡觉的样子画得最好，我就奖励谁巧克力吃。"于是孩子们便开始认真地画起画来了。

这就是利用"A和B"而不是"A或B"思考方式的一个很好的例子。

摆脱"二选一"思维定式的方法其实很简单。

在必须选择"A或B"的时候，不要选择其中一方，而是试着思考"A和B都要选"的方法。

例如，如果你除了现在所做的工作之外，还有其他想做的事情，正在烦恼要不要辞职，但又担心辞职后用钱紧张。在这种情况下，我们首先应该考虑的是"怎样才能不辞职，同时还能继续做自己想做的事情"。

比如，试着和公司交涉，看能否将劳动合同改成每周3天出勤，或者不管有没有先例，试着和公司商量一下，看能否改变一些制度。总之，要试着把能做的事情都做了，最后实在不行再辞职。

人们往往会在不知不觉中选择自己能做且容易做的事情。如果总是这样做选择，那么既不会产生新的创意，我们自己也无法成长。

人生是由一连串的选择构成的。我们的人生会因我们做出不同的选择而不同。

因此，我们做出的选择，最好能让自己的人生变得更好，能拓宽自己的可能性。至于工作，我们最好能够选择那种能更好地解决问题、创造新事物、提高效率的工作。

在做这些选择的时候，最适用的思考方法就是摆脱"二选一"的思维定式。这种时候，并不一定非要"二选一"，而应该像混合动力车一样，同时利用发动机和电动机，追求"最佳优势"。

总结： 在做选择前，请首先摆脱"二选一"的思维定式！

水平思考的方法 5/6　整合法

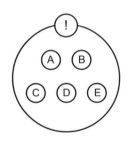

日本的"治愈系吉祥物之父"就是一个善于"整合"的天才。

原本这些卡通角色是没有"感情色彩"的，但是因为创作者用心去塑造了角色，结果就真的做出了能够治愈人的东西，这就是治愈系吉祥物诞生的基础。那些不被人们理会的卡通角色（之前被称为吉祥物）在重新"整合"后，变得备受欢迎，甚至还掀起了治愈系吉祥物的热潮。

其打造步骤是"整合""加乘""添加宣传语"，可以说完美地完成了创造新价值的过程。结果，日本各地都掀起了吉祥物热潮，如"熊本熊"。

可见，通过"整合"就能产生价值。

例如，最近各种各样的节日和活动都很受年轻人的欢迎。有啤酒节、面包节、肉食节、文具女子节……甚至还有温泉汤豆腐节，据说还很受欢迎。

即使是小众产品，经过整合后，其魅力也会大幅提升。

运用"整合法"发明的"螃蟹面包"实在是让人忍俊不禁。实际上，这个"螃蟹面包"并不是一种螃蟹形状的面包，它不是一种食品，而是一个探寻吃螃蟹圣地的旅行手册。一个吃螃蟹的旅行手册有了"螃蟹面包"这个名字后，立马就有了新的魅力。

另外，肯定会有人有这样的疑问："整合和输入，有什么不同吗？"

"整合"是指在某个特定的领域里集中输入后，再输出新的魅力和价值。

如今在电视节目中，我们经常能够看到各个领域的狂热者，有青花鱼罐头爱好者，有人脸拍照爱好者，还有失物招领爱好者，等等，各种小众领域的爱好者层出不穷。

这些爱好者，就是在他们那个领域里不断输入和"整合"信息，然后再将这个小小世界的魅力输出给外界，实现价值创造。

这就是"整合法"。

收集信息—法则化—执行

"整合法"的用法是这样的。

比如,你需要想一个提高销售业绩的方案。

首先,去收集市面上各种各样的销售手法,包括有效的预约方法、展示方法、签约方法等,总之以销售方法为中心点,应该能找到很多方法。

重要的是,将收集到的信息"法则化"。

"法则化"的第一步就是命名。就像"达成销售的20条法则"一样,这一步的目的是创建只属于你自己的"××法则",将只属于你自己的独创方法命名出来。

收集完信息后,接下来就是对信息的整理。要把相同的内容归纳在一起,整理所有信息。

通过收集和整理大量的信息,我们就能发现,有效的销售方法其实主要集中在几个要素上。这样一来，我们就能够看清楚销售是怎么回事。

例如，如果有 20 个要素频繁出现，那么我们就会明白"销售这个工作，只要认真执行这 20 个要素，成功的概率就会大大提高"。

如此一来，我们只需将这些关键要素付诸实践即可。

以"整合法"为基础，结合本书介绍的各种"思考技巧"，你的方案或计划还可以更加丰富且具有深度。

例如，我在工作中就经常使用我的自创法则——"制造热点的 18 条法则"。我在创造这一法则时，就运用了"整合法"×"360 度分解法"×"宣传语法"这三种组合。

社会上总是会不停地有新的热潮兴起，然后消失。那么，为什么它们会成为热潮呢？我对迄今为止的一些热潮进行了调查、整理和总结，发现了一些很有趣的点。

我发现这些热潮都有一些共同之处，于是我基于"整合法"，又综合使用了"360度分解法""宣传语法"等，提炼出了"制造热点的18条法则"。

总结： 单独的一件事或许很普通，但通过整合就会产生创造力！

水平思考的方法 6/6　如果有就好了

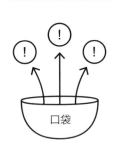

在第 1 章中已经阐述了"非逻辑性思考"的重要性。我们都知道，"思考"和"逻辑性"是非常自然且默契的组合，当我们在思考时，往往就会按照逻辑展开。

要想进行非逻辑性思考，就需要有意识地"跳出来"。这种时候就可以使用"如果有就好了"这种思考方式。

事实上，很多创新都来自"如果有就好了"这个念头。

iPhone 和 Facebook 的诞生就是始于"如果能有这样的商品和服务就好了"的念头。

举一个略微久远的例子。不知道大家有没有听过索尼随身听诞生的故事。在那个时代，还没有随身听这种便携式的小型播放音频设备。然而，正是因为原本没有，正是始于"如果有就好了"的念头，索尼随身听才得以投产。据说当时索尼的工人们听到这个要求，表示"我们做不出这么小的音响"。但正是因为"这么小"，才能让人产生"如果有就好了"的期待。

我们做书的时候，也常常抱着"如果有就好了"的念头做策划案。

据说非洲人因为在大自然中能看到很远的地方，所以视力很好。然而，在日本，想眺望远方是很困难的事情。在这种情形下，如果能通过看风景照片来锻炼眼睛，岂不是一件很棒的事情。就是这个念头，让我们做出了销量超过 50 万册的畅销图书——《每天

只看 1 分钟就能改善视力的神奇照片》。

"要是光听听音乐就能调节自主神经就好了",就是始于这样的念头,《光听就能调节自主神经的 CD 书》诞生了,销量高达 135 万册。

在做图书企划案时,同行们常说"要借鉴畅销书来做书"。但是,我们团队却恰恰相反。

要去创造新的东西!要找到那个"如果有就好了"的念头。这才是做企划的第一步。

用大雄的思维方式去试一试吧

想要找到"如果有就好了"这个念头,方法其实很简单。

人们在思考问题的时候,往往会从能做的事情、能实现的事情开始考虑。"如果有就好了"这个念头,会把这些现实情况和可能性都排除掉。所以,**试着把自己当成拜托哆啦 A 梦提供秘密道具的大雄,多启动**些"如果有就好了"的念头。

试着把"如果有就好了"设定为目标，然后运用其他思考方法，去思考怎样才能实现这个目标。

例如，你有这样一个念头："如果能让通勤体验变得更舒适就好了。"想必我们都厌倦了每天上下班高峰时拥挤的地铁，我们都想让通勤变得更加舒适。这应该是很多人所希望的"如果有就好了"。

那么，舒适的通勤是怎样的呢？

不用坐拥挤的满员电车，坐在座位上可以安静地睡会儿觉，在电车里还可以悠闲地看视频或看书。

如果能实现这三点，就可以说是舒适的通勤了。

避开拥挤的电车 × 能悠闲地睡觉 × 能看视频或看书

如果你所在的公司不可以远程办公，那么"去上班"这件事就会一直存在。想想都知道，忍受几十年的郁闷心情是很痛苦的一件事。那么，不妨将"如果有就好了"这个念头融入通勤这件事上，看看会怎么样呢？这在我们的人生当中也是非常重要的事情。

有了这个念头，下一步就是运用"串联联想法"去思考。例如，你可以这样想。

- 避开拥挤的电车：将通勤时间改在电车不拥挤的时段，与公司商量错峰办公，也可以骑自行车或摩托车上班。
- 能悠闲地睡觉：选择电车有空位的时间段上下班，灵活利用各站停车点、始发车等有座位的电车。
- 能看视频或看书：选择那种能把手机立起来的背包，在电车内营造一个能集中注意力看些什么的环境。

所以，你要做的第一步就是采取行动！一直忍耐几十年，你就会积累巨大的压力，无处释放。

行动会让你的人生从此改变！或许改变通勤时间，不仅能减少你早起的压力，还能让身体得到充分休息，让早上匆忙的时间变成高效的时间。当然，这些想法听起来好像很合理，但肯定有些想法是不适合你自己情况的，毕竟每个人的情况都不完全相同。

总之，请多有一些"如果有就好了"的念头，尝试着去改善你的人生。

总结： 不要放弃自己的梦想甚至是想法，试着去思考如何实现它吧！

垂直思考的方法 1/6　360 度分解法

接下来介绍垂直思考的方法。

"360 度分解法"是一种能够"寻找优点"的思考方法。

例如，请想象一位你不喜欢的人。想必我们每个人都会有不喜欢的人，请想一下那个人。

如果这个人和你没什么直接关系的话还好，但如果他是你工作中的伙伴，或者是你的某个朋友，那么你长期的"不喜欢"，就会给你带来各种各样的压力。

而当你想方设法想要消除这种"不喜欢"时，就可以使用"360度分解法"。

为什么你会不喜欢那个人呢？那肯定是有一定理由的。"性格不好吧""总觉得不亲近""不喜欢他总是自以为是的样子"，等等，总之，这个人身上肯定是有你不喜欢的地方。

但大多数情况下，这种判断都是片面的，因为我们很少去多角度地看待一个人。

我们的大脑倾向于根据对自己有利的情况来做判断。对于我们讨厌的人、不喜欢的人，很有可能我们只看到了那些讨厌的部分、不喜欢的部分。

请想象一下你不喜欢，或是讨厌的人，他们身上有没有什么你没注意到的优点呢？

在片面断定他人之前

当你想要给某人贴上"情绪化""惹人烦"的标签时，不妨用用"360度分解法"。

所谓"360度分解法",就是将一个东西或一件事情,从尽可能客观的角度,360度全方位地分解开,并记录下来的方法。或许有些勉强,但也要尽可能写下所有优点,以及有魅力、有价值的点。

这个方法很简单,我们一起试着做做吧。

首先,请在一张纸的正中间写上主题词。然后围绕这个词,在其四周引出不同类别的线。再根据每种类别,把能想到的与主题词相关的内容一一写下来。

在这里想提醒大家注意的是,**不要只写不好的地方,也要写一些好的地方。**

例如,如果你设定的主题是"公司里令人讨厌的A先生",那么就在一张纸的正中间写上A先生的名字。

然后在其名字的周围写上不同的类别,例如"性格""思考方式""工作中值得认可的地方""努力的地方""不太行的地方""外表""人际关系""经济能力",等等。在每个细分的类别中,你都可以把关于A的想法一一写下来。

完成这一步后，请停下来，看看自己写的东西。

然后，**试着把优点转换成缺点，缺点转换成优点**。这种思路叫作"正向价值化"，后文中会详细讲到，此处不做赘述。

比如，如果你在"性格"这一类别里写了"A 很容易感情用事"。

那么，你可以在它的下面写上"太努力了，所以才会感情外露""想做成什么，就势必会感情外露"，等等这些积极的方面。如果你写下的是缺点，就换一个角度思考，把它们转换成优点。反之亦然，写完优点后，也反过来思考一下，试着找一找相应的缺点。

像这样，从各种各样的角度来描述 A 的情况，你就会发现，自己曾经消极看待的事情，其实也有积极的一面。这样一来，你就会发现 A 的很多优点。

通过 360 度分解，你就可以发现以往没有关注到的一些新价值。

你是否也因为"××不景气""脱离××"等词汇而停止思考

让我们再举一个具体的例子。

最近几年,我所从事的出版行业一直都不怎么景气。

要说导致出版业不景气的"元凶",首先能想到的就是"买书的人以及用来买书的支出正在逐渐减少"。至于为什么会变成这样,其实原因有很多。但说到底,还是现在的环境变了。如今高速发展的网络上充斥着视频、信息、SNS 等各种各样的内容,很遗憾,纸质书的阅读价值已经越来越低了。

那么,怎样才能让读者读更多的书、买更多的书呢?让我们试着用"360 度分解法"来想一想书的"优点"。

"书与生活方式""书与工作""书与金钱""书与健康""书与人际关系""书与时间",等等,这些都是围绕"书"这个中心词分解出来的各种类别。

其中，在"书与健康"这个类别中，就有这样的数据。

- 很多健康长寿的人都有读书的习惯。
- 读书能让大脑恢复年轻。
- 短时间的阅读也能很大程度上减少压力。

然而，这些数据其实不太为人所知。单从"书与健康"这个层面就能够看出来，我们做的很多事情都没有传达出书具备的相应价值。

因此，关键并不在于出版景气还是不景气，我们应该做的是用"360度分解法"去重新发现和传达书的价值。

总结：想要找到"优点"或"长处"的时候，不妨试试"360度分解法"！

垂直思考的方法 2/6　正向价值化

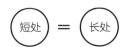

日本食品销售商 Oisix 大地株式会社，曾推出过一款名为"Kit Oisix"的料理包。据说是专门针对 30～40 岁年龄段女性开发的产品。因为这个年龄段的女性大都忙于工作、家务和育儿，没什么时间做饭。而这款产品正是以"20 分钟就能做好主菜和副菜"为理念，所以备受女性欢迎。

日本的很多女性对于买熟食给家人吃是有罪恶感的，而这款产品的优点就在于它并不是完全的熟食，而是一套主菜和配菜的食材组合，需要 20 分钟的料理时间，它会让人有一种好好做饭的感觉。一是它设定了"20 分钟"的时间，二是它利用"提高价格，缩短时间"的方法，让产品产生了正向价值，而且缩短时间本身也是一种正向价值。

"缩短时间"，虽然听起来会让人有偷懒、懒惰的负面印象，但它也确实创造了"值得夸耀"的价值——"缩短时间"，在忙碌的女性群体中引起了共鸣。

负面印象的东西、消极的东西、刚开始不被认可的东西，反而有可能产生新的价值。

无论缺点还是优点，都不是绝对存在的，只是视角不同而已。

- 工作迅速—工作粗糙
- 工作慢—工作认真

就像这样，缺点和优点都是可以互相转换的。

日本知名创意总监佐藤可士和㊀在其著作《佐藤可士和的超整理术》中提到的麒麟牌㊁"极生"发泡酒的故事，就是一个"正向价值化"的成功案例。

㊀ 佐藤可士和，日本广告业界与设计业界的风云人物，作品包罗万象，涉及广告平面设计、产品设计、空间设计，被誉为"能够带动销售的设计魔术师"。——译者注

㊁ 日本麒麟控股株式会社，三菱集团旗下一员，于1907年创立，主营饮品、酒精性饮料、制药工业等，拥有著名啤酒品牌——麒麟啤酒。——译者注

当时，麒麟公司将发泡酒定位为比啤酒低一级的廉价品类。所以，发泡酒的包装和广告都沿袭了啤酒的方案，目的就是想让发泡酒看起来像啤酒。但是，佐藤可士和却敏锐地注意到，发泡酒原本的独创性没有体现出来，于是他把打造发泡酒的正向价值设定为最重要的课题。

之后，"廉价版的啤酒"就被改成了"休闲享受的潮流饮料"，"口感不够醇厚"就变成了"口感清爽"，其价值立刻就能转为正向。正是遵循了这个打造方案，"极生"发泡酒才得以成为热卖产品。

抓住缺点的本质，找到解决方法

"正向价值化"并不是把任何事情都变成积极、正向的就可以了。

其关键在于，**要看清问题的本质和价值。**

比如，请针对"在医院挂号等的时间太久"这一问题，思考一个解决方案。

对于这种情况，最根本的问题是患者们"觉得浪费时间""无聊""想把时间用在其他事情上",等等。但即便觉得无聊,患者数量也不可能减少。

所以,我们只需考虑如何让患者在等待的时间里不感到无聊、能享受时间即可,也就是说,我们要考虑如何在其中创造出价值。

让我们试着将"浪费时间""无聊"转向"正向价值",也就是说思考一下"浪费时间"和"无聊"的相反状态。请想一想,人在什么状态下会感到"时间变得有意义""变得容易专注和放松"呢?

看电视剧或电影时、看书时、与人聊天时、活动身体时……像这些时候,我们就会觉得时间是有意义的、是让人能沉浸其中的、是快乐的。

既然知道了这一点,我们就可以去寻求出版社的帮助,建立"医院图书馆",收集一些健康相关的书籍,展开健康启蒙小课堂;或者寻求体育俱乐部的协助,开办"外出体操教室",等等。

站在出版社或体育俱乐部的角度,它们也可以通过与患者的直接或间接交流来推广自己的商品和服务。而患者们"无聊的等待时间"也变成了"学习的时间"和"保养身体的时间"。

这就是"正向价值化"。虽然因为预算、人员或者法律等问题，有些计划可能无法实现，但可以在条件允许的范围内去思考一些方法。总之，请试着通过"正向价值化"把缺点变成优点吧。

总结： 缺点和弱项是可以变成优点和强项的！

垂直思考的方法 3/6　自己、身边的人、社会

你是否也有过这样的经历？你和某人明明是第一次见面，却聊得很起劲。究其原因，其实就是因为你们"发现了彼此之间的共同点"，例如，出身相同、兴趣相同、

有共同的朋友，等等。

通常情况下，人们会对什么事情感兴趣呢？答案是"自己的事、身边人的事、社会的事"。

"自己的事"，就是自己关心的事情。

"身边人的事"，就是与家人、朋友、公司同事等与自己关系密切或亲近的人有关的事情。

"社会的事"，就是社会热点和流行趋势等。

当这三个要素叠加在一起时，人的兴趣就会一下子高涨起来。如果某件商品或某项服务同时具备这三个要素，那么就很容易吸引人去购买。

例如，我提到的那本书——《每天只看1分钟就能改善视力的神奇照片》，就是同时具备这三个要素才成了畅销书。

自己的事

- 担心老花眼或近视。
- 眼睛最近容易疲劳。

身边人的事

- 担心孩子或孙子玩手机和游戏的时间太长。
- 最近父母经常说老花眼越来越严重。
- 担心上了年纪的父母开车看不清楚路。
- 想送礼物给家人或朋友。

社会的事

- 日本人的视力普遍下降。
- 智能手机引起老花眼、蓝光等关于眼睛问题的热点话题。

我在做图书策划时,努力将这三个要素全部传达给读者,因此,这本书的受众范围非常广,销量也很不错。

恋爱、销售对话都适用的方法

事实上,这三个要素也可以用在恋爱这件事情上。

假如你想和在意的人更加接近。这种时候,请试着在你们的谈话内容中加入这三个要素——"自己的事、身边人的事、社会的事"。

谈论对方关心的事（也就是对方"自己的事"）是理所当然的，但如果你能把对方关心的事和"社会的事"联系起来，就能提起对方的兴趣。此时，再加入"身边人的事"，你就能给对方留下很棒的印象，让对方觉得"你是一个很为他人着想的人"。

不仅仅是恋爱，当你想要说服对方、想传达重要事情的时候，也请试着在对话中加入这三个要素，应该能大大增加对方的认同感。

举个例子。我很喜欢喝咖啡。当我去咖啡店时，如果咖啡店店员像下面这样和我说话，我就会立刻买下咖啡豆。

"柿内先生，您喜欢浓郁苦涩的咖啡吧？这款咖啡豆正是柿内先生您喜欢的味道，它的气味非常香浓。休息日的早上，柿内先生在家里冲上这杯咖啡，整个家里都会充满咖啡的香味，太太和家人也会心情愉快地迎接周末的早晨。另外，这款豆子是正规渠道进口的，您的购买也是对原产国的咖啡豆生产地区的大力支持。"

这样就完美地将"自己的事、身边人的事、社会的事"全都融进了对话中。

在我看来，这三个要素是让一件事情变得有意义的关键要素。有了这三个要素，人们的认同感就会提高，行动就更容易得到支持。

如果运用在一款商品或服务中，这款商品或服务就可能很容易被人购买；如果运用在人际关系中，就会大概率拉近你与对方的距离。

总结： 当你想要说服他人，想要引起他人的兴趣，就试试这三个要素吧！

垂直思考的方法 4/6　双六[一]法

目标!

起点!

日本商业界有两种销售策略："Market In[二]"和"Product Out[三]"。"双六法"就是适用于"Market In"策略的方法。

例如，在思考新书创意时，我想很多编辑的想法都是"要做出一本很多人都能读的畅销书"。

当以 100 万册为销售目标来策划一本书时，我们就需要思考"为了达成 100 万册的销售目标，必须要做的事情有哪些"。

按这个逻辑来思考，你的大脑就会自然浮现出一些要点。除去漫画和人气小说这种特殊情况，以下要

[一] 双六，一种双方各持棋子，掷骰子决定行棋格数的游戏，因棋盘左右各有六路，故名双六。——译者注

[二] "Market In"指在理解消费者需求的基础上开发商品，在市场上投放消费者所需要的东西，是符合顾客需求的销售战略。——译者注

[三] "Product Out"指的是企业关于商品的开发、生产、销售活动依照企业情况优先的做法、策略。——译者注

素是创造 100 万册销量的必备条件。

- 潜在读者超过 3000 万人。
- 刚需性的书。
- 有可能在人气电视节目中被大力宣传。
- 书店愿意大力宣传。
- 能在 SNS（社交网络服务）平台上被宣传。有人愿意推荐给他人阅读。

从某种程度上来说，能够成为百万级畅销书的类型其实是固定的，基本都集中在沟通、生活方式、健康、减肥、赚钱、儿童书籍、学习书籍等领域。

从我们团队的多年经验来看，一本书要想达到 100 万册的销量，如果没有 3000 万以上的读者，是很难实现的。换句话说，潜在读者少的领域是不可能产生超级畅销书的。

此外，要想让人气节目帮助宣传，就必须要思考"怎样能让这本书与节目有关联"，或是想一个能够提高节目收视率的策划案。像这样倒着去推，也就是运用"逆向思维"，就能找到有效的方法。

此时的关键就在于，尽可能细致地进行"逆向思考"。

如果一直贯彻"逆向思考"，就很有可能影响到更多的人。

在逆向思考中灵活运用"双六法"

在进行逆向思考的时候，我采用的方法是从目标开始倒推，也就是部署出一个"双六"格局，即"双六法"。

设定起点和终点，然后填满中间的部分，写下通往终点的工作清单。其实这也像是在做一场人生的游戏。只不过，眼下的游戏目的不是赚更多的钱，而是制造一种"热潮"，吸引更多人的关注。而作为图书出版人，我的游戏目标是把书带给更多的人，让更多的人来读我做的书。

我的工作清单里第一步的时间点就是图书发售前。

在图书预售阶段就要努力进入亚马逊畅销书排行

榜前 100 名。

接下来，在图书发售后，几家书店每天都要能卖出 3 册以上，要进入实体书店的畅销书排行榜。像这样，我会尽可能具体详尽地部署出一个"双六"格局。部署"双六"和思考战略战术是一样的，它有以下两个好处。

首先，**它十分有趣**！这个过程就和小时候玩画画一样，十分开心。建议你在各处加入插图，然后用颜色进行区分，尝试画出这个过程。

其次，**它可以让你看到一个实现目标的可视化地图，你能够清晰地知道你需要做的事情**！这正是部署"双六"的魅力所在。

其实不仅仅是工作，和孩子一起制订暑假作业计划，或制订兴趣计划的时候，我也推荐用这种方法（见图 3-3）。

实际上在做的过程中，"一路畅通"的情况是很少见的，肯定会遇到一些困难，这时你就需要一边修正"双六"的内容，一边朝着目标前进。

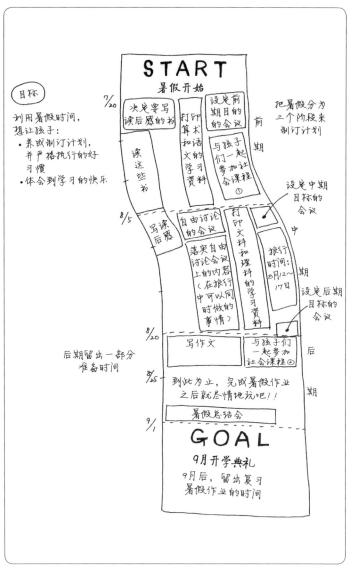

图 3-3 运用"双六法"制订方案:想让孩子在暑假学会的事情

以我的情况为例。我常常需要思考的问题是如何才能让更多的人看到我做的书。那么，为了实现这个目标，我就会特别注意，**尽可能在各种各样的地方，与可能成为读者的人建立联系**。

虽然人们在第一次接触一件商品后，就会做出是否购买的决定，但接触的频率越高，他就越有可能对该商品产生兴趣并购买。

因此，要想提高人们接触商品的频率，就需要想很多办法，例如广告、SNS、媒体宣传、营销活动等。当然，这些想法都是需要在企划开始的阶段就进行构思，并制作出草图。

总结： 想要找到实现目标的最短路径时，请试试"双六法"！

垂直思考的方法 5/6　探寻本质

所谓"探寻本质",就是找出隐藏在人们心中的"看不见的心理"。

感觉、直觉、第六感……人不可能总是按照缜密的逻辑采取行动,相反,大多数情况下人都是凭感觉行动的。将这种模糊的感觉可视化、语言化,就是"探寻本质"。

日本电影制片人兼作家川村元气⊖认为,电影想卖座,其关键因素之一就是"集体无意识的发现"。

将无意识的东西变成有形的东西时,就会引起巨大的共鸣,从而成为热门。

热门 = 无意识 × 人数

⊖ 日本东宝株式会社电影制作人、小说家,制作了《电车男》《告白》《恶人》《草食男之桃花期》等电影。——译者注

东京的三丽鸥彩虹乐园⊖就是通过"探寻本质"收获了成功,成为深受女性喜爱的乐园。当然,三丽鸥彩虹乐园能够取得成功的秘诀肯定有很多,但我想其中之一就是它能成功地探寻到"本质"。

例如,针对每个不同的角色,三丽鸥彩虹乐园都会采取不同的方法,会"寻找喜欢这个角色的人之间的共同点,然后将这些特点运用到周边商品的开发中"。三丽鸥彩虹乐园旗下有很多人气角色,但角色不同,喜欢这个角色的人的类型也不相同。

确实,有的人因为喜欢软绵绵的形象而喜欢某个角色,有的人则喜欢冷艳可爱的感觉,有的人喜欢粉色的东西,总之,大家的喜好多种多样。为了迎合人们的多种需求,三丽鸥彩虹乐园丰富了设计方案,开发出多种多样能够打动人心的角色,从而受到热烈欢迎。

"探寻本质"之所以能抓住人心,就是因为它能将人心中原本存在的东西显现出来,所以火爆也是理

⊖ 三丽鸥彩虹乐园是位于日本东京的室内主题乐园,里面有各种可爱的卡通角色,较为有名的是 Hello Kitty。——译者注

所当然的。"对对！这就是我想要的东西！"如果一件商品能让人产生"这东西正是为我而存在的"这种感觉，那么这件商品就成功了。

通过比较，可以将无意识"可视化"

那么，怎样才能看清本质呢？**推荐使用"比较法"。**

让我们举一个容易理解的例子。

我很喜欢吃梨。现在的梨有很多品种，如幸水、长十郎、新高、丰水、二十世纪等。不过，我的味觉不够灵敏，所以不管吃哪种，我都只有一种印象："好吃！"因此，我对具体的哪个品种的梨有什么不一样的特点，完全没有实感。

但是，当我们去采梨的时候，就能同时吃到很多品种。也就是说，在这个过程中，我会自然而然地进行比较。

这样一来，各个品种的味道差别就非常明显了。水分、甜度、手感……真比较起来，就会发现各个品种都有特点，而且完全不同。

以前对各个品种的"梨"之间有什么差别，毫无概念，但通过试吃进行比较，很自然地就知道了幸水、新高、丰水等不同品种之间的差别。而且，也清楚自己喜欢哪个品种的梨了。换言之，**自己没有注意到的事情通过"比较"变得可视化了**。

就拿三丽鸥彩虹乐园的例子来说，要想清晰了解每个角色的粉丝有什么不同，不仅仅要对该角色的粉丝进行分析，还要与其他角色的粉丝进行比较，这样才能更加清楚明了。

我曾做了一本名为《为新手打造的3000日元的投资生活》的书，畅销80万册。这本书之所以能大卖，其关键也在于"探寻本质"。我们通过对比做理财的日本人和不做理财的日本人之间的差别，发现了"大多数日本人对投资理财的真实认识"："几乎所有年龄段的人，都在担心未来自己的钱不够""对投资理财感兴趣，但又害怕赔钱""感觉投资理财很难，门槛很高""喜欢赚钱，但又不想去思考这件事"，等等。

于是，为了能够抓住人们的这种心理，我们基于这些要素制定了图书企划案，这本书也就自然而然地成了畅销书，并在当年商务类书籍的年度排行榜上名列第一。

找到了无意识的本质，就能明确需要采取的行动

"探寻本质"也可以用于下述这类事。

以销售工作为例。从事销售工作的人通常都会思考如何提高销售额。这种时候，就需要思考销售工作的本质。

也就是说，要思考人们在无意识中会因为什么样的理由而购买某件商品或服务。于是，就很容易得到下面这个公式：

销售工作 = 人际关系 × 商品品质 × 价格 × 公司信用

不过，这只是我自己得出的结论，每个人应该都会得出属于自己的结论。只要找到了本质，对于需要采取什么样的行动就清楚多了。如果想提高销售业绩，就可以从"人际关系""商品品质""价格""公司信用"这几个方面来考虑。

如果在"人际关系"方面下功夫，就可以思考如何加强沟通，如果在"商品品质"上努力，就可以思考怎样改善商品、如何传达商品的魅力，等等，总之，有很多可以做的事情。如果"价格"定得比竞争商品高，也可以证明这个商品的价值。很多时候，用户并不了解"公司信用"，所以也要时刻做好准备去宣传公司。

可见，"寻找本质"就像解谜一样有趣。请一边享受一边寻找本质吧。

总结：请找到隐藏在人们内心的"无意识"心理！

垂直思考的方法 6/6　宣传语法

起名为

○
○
○

"新年日出"为什么会充满魅力呢?

一年365天，每天都有日出，但"新年日出"却是很特别的存在，是被赋予了价值的日出。而赋予了日出全新价值的，就是"新年日出"这一命名。命名本身就是一种广告宣传，所以为日出创造了新的价值。

日本演艺界经常会因为"暗中营业"问题而引起大骚动。"暗中营业"这个词最开始是指事务所旗下艺人不通过事务所开展的营业事务。但同时，"暗中营业"这个词的负面意思也很大，所以逐渐变成了"相当过分的事情"。

可见，表达方式的不同，给人留下的印象也不同。

例如，如果将上文中提到的两本书的书名改成下面这样，会怎么样呢？

《为新手打造的 3000 日元的投资生活》→《从 3000 日元开始的小额投资生活》

《医生为你设计的"长寿味噌汤"》→《医生建议！为了健康开始喝味噌汤吧！》

书名如此一变，就会让人觉得没什么魅力了。

由此可见，即使想出了绝妙的创意，如果表达方式有误，也无法达成目标。

其实，我们生活中经常能看到一些失败的表达方式，例如，"传达的价值令人难以理解""表达的重点有偏差"等，颇为令人感到遗憾。

把语言化的东西变成有魅力的表达

所谓语言化，就是给头脑中那些模糊和不确定的东西赋予一个轮廓，提高分辨率的过程。"宣传语法"是指将语言化的内容升华为更具魅力的表达方式。比如：

在模糊的头脑中

- 在模糊的头脑中用语言勾勒出一个轮廓,提高"分辨率"。
- 用"宣传语法"将语言化的东西打一个"蝴蝶结",做成有魅力的包装。

将头脑中的东西语言化本身就是一种思考,然后将语言化的东西用"宣传语法"进行改造也是一种思考。

通过使用"宣传语法",就可以提高思考的价值。

请做"语言储蓄"

那么,到底该如何使用"宣传语法"呢?

即便是对于专业的编辑和文案撰稿人来说,运用好"宣传语法"也是一项非常辛苦的工作,这并不是一件容易的事情。因此,非专业人士更难做到。

所以,我推荐大家在日常里就注意"**语言储蓄**"。

具体来说,就是在日常生活中遇到有魅力的广告语、打动人心的名言、吸引人的话时，就把这些内容全部记在笔记本或手机上，然后在思考宣传语的时候，拿出来回顾和参考一下。

以下就是我的"语言储蓄"。

上帝之手，内脏过劳，夏／冬伸展操，〇〇粉，〇〇食堂，你有多少烦恼、你就能飞得多高，明明是〇〇却〇〇，超越极限，疲劳日历，疲劳三兄弟，潜在疲劳度，创造力的公式，〇育，〇活动，大步向前，突然间的高峰，专家品牌，〇〇回放，若赢了之后过于高兴就不算真正的赢，高分辨率，咖喱油炸，有创意的解决方案，大人的〇〇，〇〇充值，习惯与忘却是我们最大的敌人，以最快的速度〇〇，创意修养，创意猎人，番茄酱〇〇，〇〇风暴，〇〇治疗，鬼速〇〇，极速〇〇，价值设计，三大〇〇，专业〇〇，魅力化，七大问题，缓慢的人，成长笔记，〇〇脑，摆脱〇〇，〇〇专用，当自己变老，拖延力，〇〇改变，〇〇骚扰，凡人的"逆袭"……

以上仅仅是一些举例，而且大部分都是简短的词语,但真正要做"语言储蓄"时,不仅要"储蓄"简短的词语,也要多留意长句子。当我们在思考某件事的时候,这些语言会给我们各种各样的提示。

我们可以将这些"语言储蓄"写在笔记本或手机上,时不时地看一下,随着时间的推移,我们的内心深处就会感知到"有魅力的语言是什么样的",这也是"语言储蓄"的一个好处。

总结: 多启动"语言储蓄"来磨炼"宣传语"吧!

专栏 正因为很难，所以请务必亲自试一试

"那太难了。"

我们经常能听到这句话，但是我不是很喜欢这句话。

因为我总是这么想："正因为困难，自己做才有意义。如果是简单的事情，就没有必要自己去做。我想做只有我能做的事情。"

困难就是机会。万一我们真的能做到呢？

然而，人类是一种很务实的物种，一旦遇到困难就想逃避。因此，要想拥有看到高山就想攀登的意志，就需要相应的训练。

那么，怎样才能培养起"想要解决难题"的意志呢？

我的建议是进行**"游戏化"**。比如，想一个需要被攻克的问题，然后把它想成一个需要通关的游戏。

试想一下，我们在玩游戏的时候，如果游戏太简单，就会感到很无聊，而通关一个困难的游戏则更有趣，也更有成就感。

也许有人会说："我讨厌做困难的事情失败的感觉。"

但是，要知道，失败的经历会成为你宝贵的经验。

我在前文中也提到过，我在失败的次数和程度上远远超过别人，尤其是年轻的时候，我屡屡失败。但是，我也确实靠着这些经验走到了今天。所以，我特别想说：感谢失败！

"去挑战困难的事情，不顺利的话会不会挨骂？""解决难题会不会很浪费时间，很辛苦啊？"，等等，这些也是我们作为普通人常有的念头。然而，当我们冷静下来比较一下挑战困难的优缺点时，我们就会发现其优势明显更大。

挑战难题的优点

- 能够创造出独属于自己的价值。
- 如果进展顺利就能变得更加自信。
- 会变得更强大，拥有一种爆发力。
- 即使失败了，也不会在意，反而能把失败当作一种财富。

挑战难题的缺点

- 花费时间和精力，很麻烦。
- 失败的时候可能会受到别人短暂性的指责。

优衣库创始人柳井正曾写过一本名为《一胜九败》的书。可见，即便是柳井正这样厉害的人，其经历中也有九成是失败的。

我们的人生只有一次，肯定更愿意去做只有自己能做成的事。

因此，请记住这个最重要的想法，那就是"正因为困难，所以才要自己做"。

第 4 章

让头脑变清晰的"思考笔记法"

在白纸上写下思考的事情，很有效

我曾看过一次日本著名漫画家浦泽直树先生的画展。展馆里陈列着浦泽先生的手写原稿。这些原稿原本就是一张白纸，但通过漫画家的想象力和绘画能力，白纸就被一幕幕的场景填满了，最终形成了一篇篇漫画作品。

当时看到这些原稿的时候，我非常感动。

绘画也好，漫画也好，其实最开始时都是一张白纸的状态，然而在上面画上图画或是漫画场景，最后就会成为一个作品。

把想到的东西写在笔记本上也是一样的道理。

想法最开始时的状态也是一张白纸，上面什么也没有，但通过把自己的想法写下来，就有可能给工作带来一些成果，也可能会由此发生有趣的事情，也可能会让人心情愉悦，或是为社会提供一些有价值的东西。

怎么样？是不是很有意思呢？

"想些什么"其实是一件很了不起的事情！

而作为促成这些想法的工具，我推荐使用笔记本。

我从小就很喜欢写笔记。上学时，我总是会把课上记的东西，在课后按照自己的理解再总结一遍。在我看来，写笔记就像画画一样，是非常有趣的一件事。

每当我写完总结笔记的时候，就会非常有成就感。中学时，我常常和弟弟吵架，就是因为我很珍惜的笔记本总是被弟弟撕毁。那种失去珍贵东西的感觉，我至今记忆犹新。

为什么优秀的人往往更喜欢记笔记

言归正传。当你"思考"的时候，笔记会成为你的**第二大脑**。因为，笔记会激发出我们的智慧。记笔记有利于锻炼我们的思考能力。

很多优秀的人都是通过灵活运用笔记的方式实现了自己的梦想。

其中最有名的例子就是美国职业棒球大联盟球员大谷翔平。高中时期的大谷翔平就很喜欢在笔记本上画"曼陀罗九宫格图"（Mandalachart）。在这种图中，你可以将目标主题写在 3×3 的表格的正中间，然后将达成目标所需的要素填入周围方格中。这是一种很利于思考的方法。

除了大谷翔平，日本足球运动员本田圭佑和中村俊辅也因坚持写笔记而闻名。此外，很多成功的企业家也都是通过坚持写笔记达成目标的。

那么，到底为什么要记笔记呢？

事实上，笔记极具魅力。让我们来试着写出笔记的一些魅力。

- 能让脑子里的混沌倾泻而出。

- 帮助我们意识到,那些混沌其实没那么复杂。
- 帮助我们整理思绪。
- 有利于制订一个有效的行动计划。
- 有利于产生新想法。
- 有利于整理和控制情绪。
- 有利于重新审视自己。
- 帮助我们召开"自我会议"。
- 帮助我们学会"思考储蓄"。
- 有利于明确优先顺序。
- 有利于明确哪些东西应该舍弃。

怎么样?是不是超出你的想象呢?当然,肯定还有很多其他的魅力。总而言之,**记笔记最大的两个好处就是:"俯瞰化、可视化,便于整理"和"写下来的东西能够积累下来"**。

使用笔记,"无聊的工作"也能变得有趣

我非常喜欢足球,所以经常去现场观看足球比赛。在观看比赛的过程中,我经常会抱怨:"为什么

要往那里传球呢！相反方向不是没有阻碍吗？"

但是，这都是因为我从体育场的高处俯瞰整个赛场才能看清楚。而场上的选手们看到的场景和我看到的则完全不同。因为选手们都身在球场上，所以与体育场的高处相比，处在他们的位置是无法看清整体情况的。

优秀的足球运动员经常会说："站在球场上，要有从高处俯瞰比赛的能力。"如果有俯瞰整个球场的能力，就能看到之前看不见的东西。

"自己往往最不了解自己"也是同样的道理。因为我们往往会用短视的眼光看待自己。因此，在想要更深入了解自己或是思考人生的时候，请试着运用一下笔记。

例如，当你在思考"**最近总觉得很无聊，这是为什么**"的时候，试着写些什么，你就会注意到很多事情。

首先，试着回顾一下自己这几个月的日程安排。

从中选出"自己觉得有趣的事情"。即使你现在觉得无聊,但其中肯定也有几件你感兴趣的、觉得有意思的事情吧!

选出后,把它们写在笔记本上。

然后,试着找找这些事情中有没有什么共同点。"挑战新事物的时候觉得有意思""与人接触的时候很愉快",或者"放松身心的时候很开心",等等。这些共同点就是把你的人生引向快乐方向的点。

找到共同点后,试着在今后的计划中,有意识地加入与共同点相关的计划。这样一来,无聊的日子就会慢慢变成有趣的日子。

人的情绪每天都在变化,三个月前的感受和当下的感受是不一样的。

如果不站在高处俯瞰,就很难察觉到其中的变化。

一直不测量体重的你,有一天测量时突然发现自己涨了5公斤;一直不测视力,时隔几年测一次发现视力大幅下降,等等,都是一样的道理。

每天细微的变化，积累起来就会变成巨大的变化。所以我认为，定期跳出来进行俯瞰，是很有必要的一件事。

去实践！思考笔记的书写方法

"思考"也是一样的道理。思考不集中的时候，我们的大脑就容易混沌。这是因为我们的思考过程没有达到"俯瞰化、可视化"的状态。

这种时候，不妨尝试使用笔记。

下面是我认为还不错的做法。

1. 选择一个小方格样式或空白样式的笔记本，在其中的一页上写一个主题。

2. 把想要达成的目标写在正中央。

3. 把当下的一些问题写在其周围。

4. 使用第3章介绍的"思考技巧"，整理问题，一步步"思考"问题。

5. 在写下来的事情中，找到有关联的内容，然后用线连接起来，从中发现的新内容也要一一记录下来。

6. 在自己认为特别重要的内容上做记号。

下面我们来一边介绍案例，一边详细介绍具体的使用笔记的方法。

假如，我们现在需要解决这样一个问题——"思考如何降低员工离职率"。

首先，请在某一页纸的正中间写上目标，即"降低离职率"。

接下来，以从书上或网络上获取的"离职率"相关信息为基础，在其周围写出现存的一些问题。请注意，在写这部分内容的时候，不要写得太冗长，要分项列出重点，简明扼要。

列完这些问题后，就从这些内容中寻找离职率高的公司的"本质"（垂直思考的方法5——探寻本质）。

很快，我们就会看到几个关键点："看不到公司的未来""人际关系方面很有问题""工作很无聊""看不到个人成长的机会",等等。这几点基本上就是重要内容了。

接下来,我们根据每个关键点的内容,分别运用第 3 章提到的"360 度分解法""宣传语法""如果有就好了""自己的事、身边人的事、社会的事"等思考技巧,详细列出为降低离职率应该做的事情(见图 4-1)。

这样一来,我们就明确了"降低离职率"应该做什么,剩下的就是按部就班地去实践了。

写在笔记本上要注意的点是:尽可能地写在一页纸上。

因为,整理在一张纸上可以让方案可视化,优先级也比较明确。

如果一页纸不够的话,就说明其中的要素过多。此时,请试着把其中优先级低的内容直接舍弃掉。

我们的大脑总是被很多复杂的事情填满,很多时候会让人心情郁闷。但通过运用"思考技巧"去写下笔记,就能推导出一些结论或是假设。

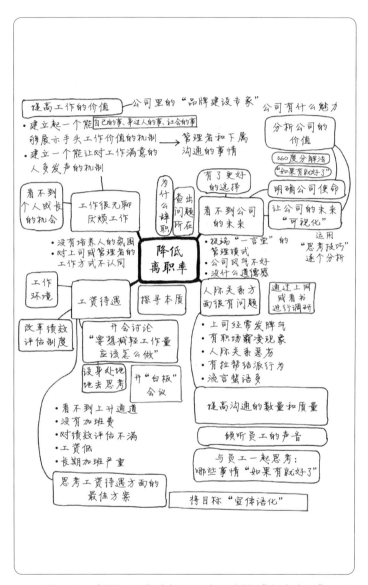

图 4-1　主题：思考降低员工离职率的"自我会议"

这就是笔记的魅力！

我将这种行为命名为"**自我会议**"。只要有一个笔记本和一支笔，在任何地方都可以开"自我会议"。

笔记的另一个优点："思考储蓄"

大脑的一个重要功能就是"忘却"。

如果所有的事情大脑都记得的话，想一想是不是一件很可怕的事情呢？

如果真是这样的话，庞大的信息就会储存在大脑中，大脑的工作效率就会降低。所以大脑会主动舍弃掉一些记忆。

忘却有好处，也有坏处。其中的一个坏处就是"会忘记好不容易想到的事情"。

我们好不容易想到的事情，随着时间的流逝会逐渐忘得一干二净，等到之后再遇到类似的情况时，就不得不重新开始思考了。这样一来，效率就会很低。

因此，在笔记本上写下思考的内容，就等于在做"思考储蓄"。

下面，我将介绍我是如何进行"思考储蓄"的，供大家参考。

我一般会使用**活页笔记本**，因为这种笔记本**可以一张一张地取下来，单独成页**。我们经常会遇到这种情况：以前写的内容对现在的工作也很有用。那么，这种时候就把以前写的那几页取下来，放入现在使用的文件夹中。

我的习惯是，不管什么都写在这个笔记本上。思考一些创意的时候就不用说了，我还会把留心注意到的一些事情也记在这个本上，还有一些当下的感受，类似于日记一样的内容也都记下。此外，日程管理也会记在这个本上。

因为我不喜欢整天背着太重的东西，所以我会分别用两种活页夹把这些笔记分开整理，一种是便于携带的活页夹，另一种是存储在某个地方的活页夹。这样一来，记下的东西就真的变成了"思考储蓄"，被储存了下来。

"思考储蓄"不是一朝一夕就能增加的。你只是在不断地储蓄你的思考和想法，但随着时间的推移，这些积累就会成为一种巨大的能量。

就像厨师将长年积累的菜谱作为自己的财产，运动员将自己的感悟不断记录在笔记本上一样，请你也试着坚持用笔记本进行"思考储蓄"。等到 3 年后、5 年后，甚至 10 年后，这些都将成为一笔独属于你的巨大财富。

利用白板呈现大家脑中的想法

除了笔记本以外，我还想推荐一个好用的方法，那就是使用白板。

白板常出现在各种商务会谈和会议场合中，它是一个能让所有与会者的"思考技巧"最大化的工具。

而白板的魅力就在于可以将会谈的过程"可视化"。

在商务会谈或会议中，是不是经常会出现以下这样的情况呢？

例如，某公司的营业部门正在围绕"最近销售额有所下降，该如何提高销售额"的问题召开内部会议。这种情况下，如果不使用白板，就容易出现以下情况。

课长："最近，咱们的销售额一直在下降，这是为什么呢？各位提点意见吧。"

销售员Ａ："因为竞争对手的营销力度很大，我们的客户被抢走了！"

销售员Ｂ："要想提高销售额，我认为不仅要留住老客户，还要不断开发新客户！"

销售员Ｃ："比起开发新客户，更应该重视现在的客户，不要被竞争对手抢走！"

销售员Ｂ："竞争对手就是通过招揽新客户才取得了成绩，我们也应该这么做！"

课长："是啊，那咱们也开发新客户吧。那怎么才能找到新客户呢？"

销售员Ａ："首先，试试电话预约吧！"

课长:"也是,那就试试电话吧!"

整个会议开下来,最终决定的方案就是通过电话销售来提高销售额。

显然,这个方案不怎么合理。那么为什么这样做不合理呢?因为**最终的决定只是由最初的一个想法连续推导出来的**。

当然,通过电话销售开发新客户本身并不是一件坏事。但是,思考这件事就是"水平思考"和"垂直思考"的总和。所以,会议的重点应该是有意识地进行拓宽"广度"和加深"深度",俯瞰各种创意,经过讨论再最终选择实施哪一个方案。

然而,在这个会议上,只是偶然想到了一个点子,却在不经意间做出了最终选择。

但是,如果在这次会议中使用白板的话,情况就会完全不一样。

课长:"最近销售额一直在下降,这是为什么呢?不管怎样,希望大家提出一些改进意见。今天会议的议题是'提高销售额'。首先，我希望各位尽可能地想一想销售额下降的原因，越全越好，把能想到的所有原因都写在这个白板上。"

像这样，在会议开始时，首先针对问题的原因进行发散性思考。

通过把相关内容写在白板上，让所有与会者都能看到提出的意见，大家就能一边看到整体情况一边展开讨论。这样一来，由此而做出的决定就不再是单纯的心血来潮，大家也更容易想出有效的方案。

紧接着下一步要做的就是找到**达成目标的必要因素**。

课长："提高销售额有哪些必要的因素呢？比如，广告预算、拓展人脉、提高产品质量、更新销售资料……咱们把必要的因素全部列出来看看。"

像这样，通过分项列举，我们的思路会更加宏观和可视化，然后针对每个必要因素，去深入分析现状并思考解决方案。

请允许我再重新说明一下白板的写法：首先，请写下"目标"；其次，列出要达成目标会遇到的"问题"；再次，尽可能多地列出解决这些问题的"对策"；最后，要像串珠子一样，不断拓宽思考的范围。

此外，负责写白板的人还需要注意一点：写的时候请尽可能简短地分条写，不要太拖沓，否则就会妨碍会议顺利进行。

其实，会议和运动很像，所以其节奏也很重要。当节奏良好的时候，记笔记的速度就会变慢，就容易不跟着做笔记。

但是，大家通常都会在会议结束后用手机拍下白板上的内容储存起来，所以请注意笔记的写法，谨防出现在之后重新看的时候不知所云的情况。

通过这样的方法，就能消除在商务谈判或会议中经常出现的"遗漏""片面"等弊端，从而形成有效的思考方式。

专栏 不要被"狂热地活下去!"这种话所蛊惑

"要想不被人工智能夺走工作,最有效的办法就是去做自己喜欢的事。"

"为了梦想燃烧吧!"

最近几年,类似的说法十分流行。

的确,这样的人才能掀起时代的旋风,实现创新。

但是,如果你问我是不是所有人都应该以此为目标,我的回答则是"NO"。

我有个比我小两岁的弟弟。他在中学的时候迷上了冲浪,到现在即便已年近50岁,他的人生依然是被冲浪填满的状态。

这么多年来我看着弟弟的状态,常常感慨:"**狂热不是一种想达到就能达到的状态,狂热是在不知不觉中自然发生的。**"

没有它就活不下去,自然而然涌出的感情,才是狂热。那种感觉不是想有就有的。所以能够对某一事物狂热的人都是很厉害的人,像我这样的凡人是做不到的。一直以来我都是抱着这样的认知活着。

不过,我还是很憧憬对某件事能达到狂热的那种状态。所以,到现在为止我尝试了各种各样的方法,想尽可能地感受一下"狂热"。

但终究还是不行。很多时候我的内心会中途失去平衡,会突然感到厌倦,然后想去做其他的事情……于是我意识到,狂热不是创造出来的,而是迸发出来的。

那么,像我这样无法达到狂热状态的凡人,该如何生活呢？难道在工作中，我这种人就无法超越那些能够达到狂热状态的人吗？

在思考这些问题的过程中，我发现，凡人也有凡人的长处。

那就是，**世上的大多数人都是凡人**。

生活在日本的日本人，应该更容易理解日本人的心情，而不是美国人的心情。

同理，正因为自己是凡人，所以才更容易理解凡人的内心状态。

有了这样的想法之后，我就不再把自己没有的东西当作追求目标，而是转变人生战略，去磨炼自己已有的"武器"。

最终我得出了属于自己的答案，那就是这本书所写的"思考技巧"。

这是身为凡人的我磨炼出来的"武器"，也是一份任何人都能复制的指南。

我们常常会被问及"你的梦想是什么""你想做什么"等类似的问题。我一直觉得回答这类问题很别扭。因为,这种情况下的"梦想",就等同于你想做什么。

事实上,我没有什么特别想做的事。编辑这个职业,我也不是特别想做,只是觉得这个工作很有意思,挺有趣,这就是我选择当编辑的契机。

虽然我并没有明确的想法说要成为怎样的人,但我对自己想要过什么样的人生有自己的想法,那就是"我想要快乐、有趣地生活"。

"让这无趣的世界变得有趣吧!"这是我最喜欢的一句话。这是高杉晋作⊖的辞世之句。活得有趣也好,活得快乐也好,都是一种心态。为了让自己的人生充满乐趣,我选择了编辑这份工作。很幸运,一直以来我的生活也确实很有趣。

⊖ 高杉晋作,日本幕府末期的著名政治家和军事家,长州藩尊王讨幕派领袖之一,奇兵队的创建人。幕府末期尊王攘夷、倒幕运动的志士。——译者注

人生并不一定非要想清楚"想做什么",能够知道自己"想过怎样的人生"也是很好的一种生命体验!

第 4 章
让头脑变清晰的「思考笔记法」

第 5 章

提升"思考技巧"的习惯

光用头脑思考的"逻辑性假设"总会出错

迄今为止,我做过很多书。有的书有幸被很多人读过,但遗憾的是,还有一些书没多少人读过,我的一些思考也没有被完全地传递给读者。

推进不顺利的原因有很多,但其中很重要的一个原因是,我**预先在头脑中建立的假设,在实际出版后却没能打动读者的心**。

我忘记了一个很重要的前提,即我自己的想法和感受和别人是不同的。也就是说,我是基于自己臆想出来的"正确言论"来做书的。

先入为主的观念有时会酿成大错。

我们团队出版了很多关于英语学习的书。当我们以"英语口语"为主题进行书籍策划时，策划人就很容易预先想好一个设定，导致方向错误。

例如，策划人会自然而然地认为"因为是英语口语方面的书，所以使用场景应该是海外旅行或工作。那我们就针对这类人制订策划方案吧"。

这当然也没有错。根据"学习英语的目的"的调查结果，"海外旅行和工作"确实也排在前几位。

但是，为什么会出现问题呢？

当某个假设看似很符合逻辑的时候，就更要停下来思考。

这里所说的"思考"其实就是"怀疑"。例如，当我认真思考学习英语的人的想法时，就能够发现不一样的声音：

"学习英语，能切实感受到自己的成长，我很喜欢这种感觉。"

"不管多大年纪，能学点东西总是好的。我把学英语当成一个兴趣，想以后有机会去美国旅行。"

"在学校的时候英语成绩很差,长大后想要'恶补'一下,证明下自己。"

这些声音往往很容易被大数据和头脑中的臆想屏蔽掉。而正是这样的声音,在做选题的时候才尤为重要。

如果能听到这些不一样的声音,在做书时就会有新的灵感,就更容易做出能让读者感受到"乐趣"和"成就感"的内容。当然,还可以在书中加入"英语也可以在这种情况下使用"等案例。总之,只有听到不一样的声音,才有可能做出更多有趣的东西。

开会后要留出"自己思考的时间"

一个人能思考的事情毕竟是有限的,所以就需要多倾听他人的声音,与他人交谈、讨论,这是"思考"的一个重要环节。

此时,有一件事情非常重要。

那就是,在听取完别人意见或是开会讨论之后,要一边罗列自己记下的信息,一边留出让自己单独思考的时间。

我们在工作中经常会遇到这样的情况：在会议结束后，做出某个决定，然后不经过验证就直接推进。事实上，这种做法很危险，因为你认为合理的假设，很有可能是错误的。

虽然这个假设在会议上被认为是正确的，但毕竟开会时的信息是比较杂乱的。在拓宽思路的时候，开会是很有效的一种方法，但在需要深入思考的时候，一个人独自思考是很重要的过程。

只要掌握了这两个技能，你就能成为灵活运用"思考技巧"的"思考达人"！

创意＝模仿 × 模仿 × 模仿

"模仿"这个词虽然常用于贬义的语境中，但我反而认为它是一种很有价值的行为。不过，请不要误会，这里所说的"模仿"和"山寨"可是不一样的。

有人认为，世界上本来就不存在什么创意。

当我们对创意进行分解时，经常会得到下面这种结果：

创意 = 模仿 × 模仿 × 模仿

（可见，模仿的次数越多，创意也就越多。）

在日语中，"学习"这个词的词源就是"模仿"（也有不同的说法）。也就是说，要想学习，首先要去模仿。

想想生活中的很多例子也的确如此。小孩子通过模仿学会说话，在不同国家的语言环境中，就能学会相应国家的语言。这就是模仿的结果。

如果我们知道了模仿的大用处，那么很多事情都会迎刃而解。

我曾经和一位餐饮店店长深入交谈过。当时，他正在为招揽不到更多客人而烦恼。我对他说："你可以去那些人气高的餐厅看一看，尝一尝它们的热销菜品，模仿一下。不过最好不要简单模仿，把别家的热销菜品组合一下，说不定就能产生新的创意。"

但他的回答是:"太忙了,根本没时间。"我看了看店里的生意,好像也并没有那么忙。我想,大概是因为提到模仿,就给人一种不好的感觉,店长说忙,只是在找借口。

不过,这家餐饮店的店长年轻时好像在其他名店学习过,也就是说,他也跟着师傅学习过技术……

其实,类似的事情经常会发生。

我在策划出一本畅销书的时候,通常都会去问问有类似经验的编辑的建议,每次我都能从中学到很多。

当然,也有很多人会明确拒绝我的请教,不过我还是会"厚颜无耻"地四处打听学习。我会不停地请教、模仿,不知不觉中收获了很多宝贵经验。

模仿时,要像演员一样,完全进入角色

事实上,模仿别人的想法,也是有方法的,那就是"随心所欲思考法"。

这是模仿某人的想法来进行思考的一种方法。

每个人都有自己的思维习惯。为了尽量不被思维定式所左右，模仿他人的大脑是一种很有效的方法。

模仿他人大脑的方法有很多种：

- 试着模仿他人的语言习惯。
- 试着模仿他人的习惯。
- 试着模仿他人的外表。
- 试着模仿他人推进计划的方法。
- 试着模仿他人的思考方式。

这种感觉，就像是"演员完全融入角色"一样。

听说，有的演员在拍恋爱题材电视剧的过程中，很容易陷入恋人角色里，喜欢上对方，但在拍摄完毕，那种感情就会消失。也就是说，大脑完全"入戏"了。

那么，我们不妨试试在思考的时候也完全"入戏"，应该会出现一些很有新意的想法。

例如，可以想象一下，假如你是优衣库的创始人柳井正，那么你会想些什么呢？

当然，我们不可能真正成为他本人，但只要读过他的书，或是看过他的一些采访，对他的思考方式就能有一定程度的理解。进入他的角色，说不定就会有新的想法！

总是用"好人思维"，那么永远都只是二流思维

如果你想掌握真正的"思考技巧"，那么适当地"质疑"和"吐槽"也会对你有所帮助。也就是说，可以像刑警一样去思考，我将这种思考方法比喻为"性恶视角"。

不过，在这个过程中如果粗心做错，就容易被人当作"性格不好"的人，所以使用此方法时需要格外注意。

为什么说有时候需要"性恶视角"呢？

因为，如果你问一个好人的观点，总会听到"yes"（是）的回答。比如，即使妻子做的饭不怎么好吃，家

人也会说"好吃",因为这样有利于家庭和睦。所以很多时候,这种"老好人视角"就很重要。

但是,在"思考"的时候,"老好人视角"有时就等同于完全放弃思考。

作为一名编辑,在策划出版图书的时候,我经常面临必须自己做出决策的情况。

例如,在审读书稿的时候,如果是以"老好人视角"读的话,那么大部分的原稿都可以说是"好书稿""有趣的书稿"。如果我是一本书的读者,仅仅是为了享受而读书,那这样的原稿就没有太大问题,但作为专业人士,这种做法就是不合格的。

我的工作不是单纯地出书,而是出有价值的书,要尽可能地做有趣且对读者有用的书。

此时,采用"性恶视角"就很有必要了:

"这个内容真的有趣吗?"

"能不能写得更有趣呢?"

"这里的文字表达,读者容易理解吗?"

"能不能写得让读者感同身受呢?"

以上这些,都是我在做书过程中会反复思考的问题,我会对书稿"质疑"甚至是"吐槽"。

越是无意识中经常使用的词语,越应该"质疑""吐槽"

在一些商务会谈中,也经常有需要"性恶视角"的场景。

因为,**语言有时是会说谎的。**

或者,准确地说,即使说话的人并没有说谎的意思,但说的内容本身也有可能是不正确的。

就比如"差异化"这个词,我们在日常工作中经常会听到。但在我看来,"差异化"这个词里隐藏着很多"谎言"。

所谓差异化,是明确体现出与其他事物的不同之处。假如你生产一种商品,那么你就要明确你生产的商品和竞争对手生产的商品之间的区别。当然,这种情况的大前提是"顾客在购买商品时，会与同类商品进行比较，然后选择最合适的一方"。

但是，现实中真的是这样吗？

还是以书为例。

我们编辑在策划一本书的时候，如果需要做到"差异化"，那么其前提则是"顾客在购买书的时候，确实会把竞争对手的书和我们的书进行斟酌、比较，然后再购买"。

这里就需要打个问号了。真的是这样吗？

如果是这样的话，为什么我们出版的书卖得很好，而其他类似的书却卖得不好呢？

当然，我们会努力把书的品质做到最好。

但是，类似书的质量难道就差很多吗？它们的成本真的很低吗？事实上，很多时候并非如此。

我们的书确实卖得更好。

那么，就会不由得让人产生这样的疑问：

"顾客真的是经过斟酌、比较才购买的吗？"

于是，我前往第一销售现场——书店，进行细致观察。

如果你和我一样也观察过，那么你肯定会发现，人们在购买书籍之前的行为真是各种各样。其中有一些顾客确实是会拿手中的书和类似的书进行比较、斟酌，但大多数人都不会那么仔细斟酌，而是直接拿在手里，站着读一会儿，就做出决定——直接买了或者放回原处，然后离开。

是的，很遗憾，他们并没有如我们所想的那样仔细斟酌。

当然，上网买书就是另一种情况了，而且就算在实体书店，根据书籍种类的不同，购买行为也会有所不同。

也就是说，日常工作中，不要轻易张口就说"我们要差异化"，而是要区分"需要差异化的情况"和"不需要差异化的情况"。

但是，很多时候，人们并没有考虑得那么具体，而是自然而然地就使用了"差异化"这个词。

要想尽量减少我们的"突发奇想"、错误思维，以及由此引发的错误行为，我们需要持"质疑""吐槽"的态度，即"性恶视角"。因此，为了尽可能做出最好的选择，请在思考的时候，故意"变坏一点"。

借用别人的智慧

问题

～～～～～～～～～～

A先生是一名40岁左右的男性职员，他的上司让他做一个新产品策划案，其内容是"开发一款适合女高中生的饮料"。

在此之前，A先生面对的人群都是上了年纪的人，平时生活中和女高中生也完全没有交集。那么，此时的A先生该怎么办才好呢？

～～～～～～～～～～

答案

~~~~~~~~~~~~~~~~~~~~~~~~~

请了解女高中生喜好的人士帮忙。
借用这些人士的"大脑"。

~~~~~~~~~~~~~~~~~~~~~~~~~

你可能会说,答案真的这么简单吗?实际上,在日常生活中,我们很容易就忽视一些理所当然的事情。

想一想,你周围有这样的人吗?一个人埋头思考工作却怎么也做不好,白白浪费了很多时间;做考题的学生们,冥思苦想却选不出一个答案……

其实,这两者的问题本质上是一样的。

那就是,**明明自己脑子里的知识储备不足以让你找到答案,却还是想要努力地找。**

就好像明明没有咖喱粉和香料,却要努力做出一份咖喱料理一样。

如果现在让我做一个面向花季少女的产品策划案,我肯定做不出来,因为我的脑中完全没有输入过相关的信息。

但是，这种时候不需要想得太复杂，可以让别人开动脑筋。我们可以去询问熟悉该领域的人，或者是有相关经验的人，让他们参与项目。因此，重要的是，要学会借用他人的智慧。

当你面临一个你没有接触过，也没有相关储备的新事物时，有一个方法能让你快速完成从"信息输入"到"信息输出"的过程，那就是"借用别人的智慧"。

开会就是"借用别人的智慧"的典型方法。

虽然在会议上难免要听汇报或是双方相互磨合，但我认为会议最重要的目的是"借用所有人的智慧，朝着一个目标前进，创造出价值"。

在第4章中介绍过的灵活使用"白板"的方法，也适用于借用他人智慧的时候。不妨试着实践一次！

在日程安排里加入"思考时间"

在我手账里的日程栏上，一直都有一项固定的内容，那就是"思考时间"。和其他会议一样，这也是我每天的任务，不同的是，我会自己决定什么时间段是"思考时间"，并将其写入日程中。

不过，我不会只写"思考时间"这几个字，而是会尽可能把计划详细写出来，如"思考企划案的时间""思考市场宣传的时间""思考下属考评的时间"，等等。通常情况下，每一项计划，我都会花半个小时到一小时的时间去思考。

除此之外，每周我还会留出一天时间作为"思考日"，即集中精力去思考的一天。如果实在很难把一整天都用于思考，那么就根据自己的节奏，以半小时为单位，试着把这些小块的时间用于"思考"。

想必大家都知道**"重要紧急四象限法则"**吧（见图 5-1）！

通过横纵坐标轴，可以分出四个象限，分别代表四种类型的任务：重要且紧急、重要不紧急、紧急不重要、不紧急不重要。

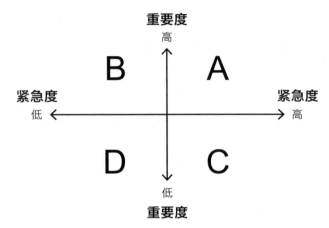

图 5-1 重要紧急四象限法则

重要度高、紧急度高的 A，就是我们应该优先处理的事项。

其次就是需要耗费时间的 C，虽然它重要度低，但是其紧急度高。

相反，对于重要度高但紧急度低的 B，我们往往不会投入太多时间，这就会导致我们虽然很忙，却没有时间去做自己想做的工作。

因为，我们的日程会被紧急度高的事情或是其他临时工作填满。这样一来，我们就没有时间花在重要度高但紧急度低的 B 上了。

要避免这种情况的发生，在日程中明确写入"思考时间"，就是一个很好的方法。

如果我们整天都被忙碌占据，没有"思考时间"的话，长期下去就有可能被工作消耗殆尽，变成工作机器。因此，我们要去思考。而思考的首要条件，就是确保留出时间。

平时是否有"思考练习"的习惯

据说，那些优秀的运动员平时的训练量非常大。其实，思考也和体育运动一样，要想掌握技巧，最好的方法就是进行大量的"练习"。

我个人就很喜欢"思考练习"。我自己喜欢把"思考练习"简称为"思练"。

日常生活中，我也常常进行"思练"。例如，为家附近药妆店的背景音乐随意作词作曲；在自己常光顾的澡堂里思考怎样才能提高澡堂的经营水平；看到地铁里的拉手广告，会想要重新为它想一个文案；在餐厅吃饭点餐,会想着给它换一个菜单名……

当然,这并不是别人拜托我做的,而是我自己随意做的,我很享受这个过程。我很自信于自己想出的各种创意,就拿我自己创作的药妆店主题曲来说,我甚至觉得我创作的歌曲比那家店播放的音乐还要好听。

在进行"思考练习"的时候,有一点需要特别注意,那就是要有具体的答案。

例如,在看电视广告的时候,如果你觉得"这个广告好像很难让人记住",那么就应该更深入地思考:它应该修改哪里,怎么改才会让人有印象,等等。也就是说,"思考"不要草草了事。

然后,你就可以把对这件事的思考写在笔记本上,储存起来,这就有了第 4 章所说的"思考储蓄"。

餐厅就是一个做"思考练习"的绝佳场所。店员的服务如何,菜单如何,餐厅的内部装潢如何,菜品如何,等等,这些都是我们可以深入思考的事情。

此外，超市也是一个不错的场所。比如，你会发现，这件商品的名字很吸引人；这样的包装就不会有人想买；这种陈列方法很有创意，等等。

其实，这些"思考练习"的结果，在很多场合都能用得到。

从思考中得到的东西，很多情况下都能用来解决工作中遇到的问题。因为，很多事情本质上是存在共同点的。

无论你是从事财务工作或销售工作的人，还是从事研究工作的人，只要试着去寻找，就一定能找到"思考练习"与自己工作的关联性。"现在社会上流行什么""好的沟通和坏的沟通之间的区别是什么"，等等，在这些我们平时"思考练习"的内容中，总是能找到一些可以用到你日常工作中的。

"思考练习"是一个无论何时何地都能开始的行为，所以，在我们短暂的空闲时间里，可以试着放下手机，去做一次"思考练习"，你会发现那是一个十分有趣的过程。

"思考时间"多多益善

我曾经采访过一位著名电视节目制作人,他曾策划制作过好几档热门节目。

我问他:"为什么你能做出好几档热播节目呢?"

他回答得很干脆:"因为我思考的时间太长了。"

他的回答让我有一些意外,因为在大众眼里,他是属于天才型的人。

之后的一次机会中,我有幸采访了一位创作出好几首国民流行歌曲的著名音乐制作人。

我问他:"为什么你能创作出那么多大受欢迎的歌曲呢?"

他的回答也很干脆:"因为我一直都是潜在水中的,就那样屏住呼吸,观察、忍耐。"

很显然,他用了一种抽象的说法。我的理解是,他一直在思考,也一直在坚持,不断反复打磨,最终创作出了最好的歌曲。

由此可见,"花时间持续思考",是优秀的人取得非凡成就的共同秘诀。

如果你使用了"思考技巧",那么你的"思考速度"和"提出假设的速度"就会比之前快得多。但是,要想进行更加跳跃性的思考,仍然需要投入时间。

在棒球比赛中,无论学习多少击球理论,都不可能打出安打或本垒打。而把这些理论刻在身体里、刻在大脑里,再通过大量的比赛实践,才有可能成为优秀的击球手。

思考也是一样。以"思考技巧"为基础,花时间进行大量的思考练习,才有可能成为一个善于思考的人才。

结果 = 思考技巧 × 思考时间 × 行动

这就是思考方程式。

其实,**只要坚持思考,思考这件事就会变得越来越有趣**。所以,请不要对思考感到厌烦,不要有"想得太久太烦了"之类的牢骚。

因为，你认真思考过的东西都会积累起来，最终会成为你的财富。

说到积累，我想起了一个关于毕加索的小故事。

据说，有一天毕加索在街上随意地散着步，突然一位他的超级粉丝叫住了他，并拿出一张白纸对毕加索说："你能在这张纸上给我画一幅画吗？"毕加索爽快答应，当场为他画了一幅画，然后说道：

"这幅画值 1 万美元哦。"

粉丝惊讶地说：

"你画这幅画不就花了 30 秒吗？"

毕加索苦笑着回答道：

"30 年和 30 秒，这可是不一样的。"

画这幅画的时间确实是 30 秒。但是，毕加索是用积累了 30 年的功底和技术画出来的。

当然，这个故事出处不明，真假难辨（也有说法说不是 1 万美元，而是 100 万美元），所以可信可不信。但这确实是一个很好的案例故事,所以还是想介绍给大家。

可见,花费时间去不断积累进步,日后就会取得硕大的成果。当然,并不是简单地消磨时间,而是投入有意义的时间,才能算得上是有价值的积累。今天思考些什么,明天思考些什么,就这样长年累月地不断积累"思考",最终你将积累一笔巨大的"财富"。

当你处在"思考时间"里时,最重要的事情就是要享受和放松。 因为,只有让大脑感到愉悦和放松,才能产生更好的思考。

创造一个能思考的空间,即 Thinking Place

想必很多人都讨厌开会吧。为什么大家都讨厌开会呢?大概就是下面这些理由:

- 变成了单纯的报告会,自己坐在那里没有任何意义。
- 会议的氛围让大多数人很难真正发言,只有嗓门大的人在说话。

- 会议目的不明确，一味迎合上司爱开会的喜好。

确实，这样的会议真的很难让人有兴趣参加。

不过，我却很喜欢开会。

因为，在我看来，会议和运动很像，是一种"思考的运动"。

我会把会议想象成一项我特别喜欢的运动——足球，把参加会议的成员都看作足球选手，大家相互传球，也就是交换意见，最终完成射门，即达成目标。和足球比赛一样，会议也需要全程集中精力，所以会议结束后，与会者都会觉得疲惫不堪。

有人说会议上很难产生新的想法，其实并非如此。只要换一个角度去参加会议，就有可能碰撞出火花，产生新的想法。

相比于在会议室，我在办公桌上才是完全想不出任何创意。虽说办公桌很适合处理工作事务，但对我来说，它不适合进行思考工作和创造性工作。

因此，创造最适合自己的思考场所，也就是"思考空间"，这一点尤其重要。我自己喜欢的思考空间有7个：电车车厢、浴室、咖啡馆、散步时、跑步时、书房、会议时。

为什么刻意起一个名字叫"Thinking Place"呢？其实是有原因的。

在没有智能手机的时代，我们生活中有很多空闲时间，很多人自然而然地就把这段时间用于"思考"了。但自从智能手机普及后，很多人的空闲时间几乎都被手机侵蚀掉了。电车里、咖啡馆里，处处可见拿着手机的人，就连开会的时候，也有人会开小差，低头玩手机。这样一来，我们的"思考时间"就很难有保障了。因此，特意起一个"Thinking Place"的名称，就是想有意识地提醒大家，一定要确保有一个空间是用于"思考"的。

古人构思文章，多在"三上"，即马上、枕上、厕上。"三上"用现在的话来说，就是在电车里、被窝里、厕所里。可见，这些确实是能够集中精力思考的地方。看来Thinking Place自古就有啊！

结 语

面包店
卖饭团

　　去思考！然后将思考的事情付诸实践！这个过程充满趣味。

　　在我很小的时候，我就体会过这种乐趣和喜悦。那是小学四年级的时候，我和两个小朋友一起商量着："做点什么事情，能让班上同学都玩得开心呢？"冥思苦想之后，我们决定用木头做一个手动弹珠台。我们在木头上钉好钉子，搭出了一个弹珠台，上面放了几颗玻璃弹珠，做成后的弹珠台长度有70～80cm。之后我又想到，如果采用打分制，能让大家互相竞争，那么气氛一定会很热烈，于是便在竖起来的板子上开了两个洞，用来计分数。

　　当我们把做好的弹珠台拿到学校的那一天，我们非常紧张，担心老师看到后会训斥我们，又担心万一班里的同学看到后不喜欢，都不理我们怎么办。

但最终的结果表明，我们完全是杞人忧天。没想到大家玩起来的气氛比我们想象得还要热烈。每到课间休息时，弹珠台前就会排起长队。

最让我感到意外的是，班主任在面向家长的班报上刊登了我们自制弹珠台的事情，表扬我们把自己的一个想法变成了现实，给班上的同学带来了快乐。

"这些孩子真能干啊！"

这句话，我至今铭记在心。

想到有趣的事情，并付诸实践，竟然能让这么多人感到快乐。这种宝贵的体验也影响了我日后的工作选择。

人生只有一次，既然如此，就更要活出自我。

那么，到底什么才是活出自我呢？其实就是不断"将自己的想法付诸实践"，在这个过程中，未来会逐渐清晰、明朗。

当然，在实践的过程中肯定会有不尽如人意的时候，也可能会发生意料之外的事情。

结语

这时候，停下来再思考一下。遇到问题或是失败了，这都没关系，只要停下来，再思考思考，然后继续行动就可以了。我想，这才是活出自我的人生路径。

感谢你读到最后，有幸能与你在这本书里相遇。

愿你的人生幸福美好。

柿内尚文